国家职业资格培训教材

技能型人才培训用书

无损检测员——磁粉检测

国家职业资格培训教材编审委员会　组编

孙金立　李以善　主编

U0280511

机 械 工 业 出 版 社

本书是依据《国家职业标准　无损检测员》中磁粉检测部分的知识要求和技能要求，按照满足岗位培训需要的原则编写的。本书的主要内容包括：概述、磁化、磁粉检测设备、磁粉检测方法与工艺、磁粉检测工艺规程编制、磁痕分析与评定、质量控制及安全防护、典型工件的磁粉检测。书末附有试题库和答案，以便于企业培训、考核和读者自查自测。

　　本书主要用作企业培训和职业技能鉴定培训教材，还可供无损检测技术人员和相关人员自学使用。

图书在版编目（CIP）数据

无损检测员. 磁粉检测/孙金立，李以善主编；国家职业资格培训教材编审委员会组编. —北京：机械工业出版社，2014.9（2024.4重印）

国家职业资格培训教材. 技能型人才培训用书

ISBN 978-7-111-47946-8

Ⅰ. ①无… Ⅱ. ①孙…②李…③国… Ⅲ. ①无损检验-技术培训-教材②磁粉检验-技术培训-教材 Ⅳ. ①TG115.28

中国版本图书馆 CIP 数据核字（2014）第 210677 号

机械工业出版社（北京市百万庄大街 22 号　邮政编码 100037）
策划编辑：侯宪国　责任编辑：侯宪国　版式设计：赵颖喆
责任校对：肖　琳　封面设计：鞠　杨　责任印制：刘　岚
北京中科印刷有限公司印刷
2024 年 4 月第 1 版第 2 次印刷
169mm×239mm · 12.25 印张 · 223 千字
标准书号：ISBN 978-7-111-47946-8
定价：29.80 元

电话服务　　　　　　　　　　网络服务
客服电话：010-88361066　　机　工　官　网：www.cmpbook.com
　　　　　010-88379833　　机　工　官　博：weibo.com/cmp1952
　　　　　010-68326294　　金　书　网：www.golden-book.com
封底无防伪标均为盗版　机工教育服务网：www.cmpedu.com

国家职业资格培训教材（第2版）

编 审 委 员 会

第2版序

在"十五"末期，为贯彻落实"全国职业教育工作会议"和"全国再就业会议"精神，加快培养一大批高素质的技能型人才，机械工业出版社精心策划了与原劳动和社会保障部《国家职业标准》配套的《国家职业资格培训教材》。这套教材涵盖41个职业工种，共172种，有十几个省、自治区、直辖市相关行业的200多名工程技术人员、教师、技师和高级技师等从事技能培训和鉴定的专家参加编写。教材出版后，以其兼顾岗位培训和鉴定培训需要，理论、技能、题库合一，便于自检自测的特点，受到全国各级培训、鉴定部门和广大技术工人的欢迎，基本满足了培训、鉴定和读者自学的需要，在"十一五"期间为培养技能人才发挥了重要作用，本套教材也因此成为国家职业资格鉴定考证培训及企业员工培训的品牌教材。

2010年，《国家中长期人才发展规划纲要（2010—2020年）》、《国家中长期教育改革和发展规划纲要（2010—2020年）》、《关于加强职业培训促就业的意见》相继颁布和出台，2012年1月，国务院批转了七部委联合制定的《促进就业规划（2011—2015年）》，在这些规划和意见中，都重点阐述了加大职业技能培训力度、加快技能人才培养的重要意义，以及相应的配套政策和措施。为适应这一新形势，同时也鉴于第1版教材所涉及的许多知识、技术、工艺、标准等已发生了变化的实际情况，我们经过深入调研，并在充分听取了广大读者和业界专家意见的基础上，决定对已经出版的《国家职业资格培训教材》进行修订。本次修订，仍以原有的大部分作者为班底，并保持原有的"以技能为主线，理论、技能、题库合一"的编写模式，重点在以下几个方面进行了改进：

1. 新增紧缺职业工种——为满足社会需求，又开发了一批近几年比较紧缺的以及新增的职业工种教材，使本套教材覆盖的职业工种更加广泛。

2. 紧跟国家职业标准——按照最新颁布的《国家职业技能标准》（或《国家职业标准》）规定的工作内容和技能要求重新整合、补充和完善内容，涵盖职业标准中所要求的知识点和技能点。

3. 提炼重点知识技能——在内容的选择上，以"够用"为原则，提炼出应重点掌握的必需专业知识和技能，删减了不必要的理论知识，使内容更加精练。

4. 补充更新技术内容——紧密结合最新技术发展，删除了陈旧过时的内容，补充了新的技术内容。

5. 同步最新技术标准——对原教材中按旧技术标准编写的内容进行更新，所有内容均与最新的技术标准同步。

6. 精选技能鉴定题库——按鉴定要求精选了职业技能鉴定试题，试题贴近教材、贴近国家试题库的考点，更具典型性、代表性、通用性和实用性。

7. 配备免费电子教案——为方便培训教学，我们为本套教材开发配备了配套的电子教案，免费赠送给选用本套教材的机构和教师。

8. 配备操作实景光盘——根据读者需要，部分教材配备了操作实景光盘。

一言概之，经过精心修订，第 2 版教材在保留了第 1 版精华的同时，内容更加精练、可靠、实用，针对性更强，更能满足社会需求和读者需要。全套教材既可作为各级职业技能鉴定培训机构、企业培训部门的考前培训教材，又可作为读者考前复习和自测使用的复习用书，也可供职业技能鉴定部门在鉴定命题时参考，还可作为职业技术院校、技工院校、各种短训班的专业课教材。

在本套教材的调研、策划、编写过程中，得到了许多企业、鉴定培训机构有关领导、专家的大力支持和帮助，在此表示衷心的感谢！

虽然我们已经尽了最大努力，但是教材中仍难免存在不足之处，恳请专家和广大读者批评指正。

国家职业资格培训教材第 2 版编审委员会

第1版序一

当前和今后一个时期，是我国全面建设小康社会、开创中国特色社会主义事业新局面的重要战略机遇期。建设小康社会需要科技创新，离不开技能人才。"全国人才工作会议"、"全国职教工作会议"都强调要把"提高技术工人素质、培养高技能人才"作为重要任务来抓。当今世界，谁掌握了先进的科学技术并拥有大量技术娴熟、手艺高超的技能人才，谁就能生产出高质量的产品，创出自己的名牌；谁就能在激烈的市场竞争中立于不败之地。我国有近一亿技术工人，他们是社会物质财富的直接创造者。技术工人的劳动，是科技成果转化为生产力的关键环节，是经济发展的重要基础。

科学技术是财富，操作技能也是财富，而且是重要的财富。中华全国总工会始终把提高劳动者素质作为一项重要任务，在职工中开展的"当好主力军，建功'十一五'和谐奔小康"竞赛中，全国各级工会特别是各级工会职工技协组织注重加强职工技能开发，实施群众性经济技术创新工程，坚持从行业和企业实际出发，广泛开展岗位练兵、技术比赛、技术革新、技术协作等活动，不断提高职工的技术技能和操作水平，涌现出一大批掌握高超技能的能工巧匠。他们以自己的勤劳和智慧，在推动企业技术进步，促进产品更新换代和升级中发挥了积极的作用。

欣闻机械工业出版社配合新的《国家职业标准》为技术工人编写了这套涵盖41个职业的172种"国家职业资格培训教材"。这套教材由全国各地技能培训和考评专家编写，具有权威性和代表性；将理论与技能有机结合，并紧紧围绕《国家职业标准》的知识点和技能鉴定点编写，实用性、针对性强，既有必备的理论和技能知识，又有考核鉴定的理论和技能题库及答案，编排科学，便于培训和检测。

这套教材的出版非常及时，为培养技能型人才做了一件大好事，我相信这套教材一定会为我们培养更多更好的高技能人才作出贡献！

（李永安　中国职工技术协会常务副会长）

第1版序二

为贯彻"全国职业教育工作会议"和"全国再就业会议"精神，全面推进技能振兴计划和高技能人才培养工程，加快培养一大批高素质的技能型人才，我们精心策划了这套与劳动和社会保障部最新颁布的《国家职业标准》配套的《国家职业资格培训教材》。

进入21世纪，我国制造业在世界上所占的比重越来越大，随着我国逐渐成为"世界制造业中心"进程的加快，制造业的主力军——技能人才，尤其是高级技能人才的严重缺乏已成为制约我国制造业快速发展的瓶颈，高级蓝领出现断层的消息屡屡见诸报端。据统计，我国技术工人中高级以上技工只占3.5%，与发达国家40%的比例相去甚远。为此，国务院先后召开了"全国职业教育工作会议"和"全国再就业会议"，提出了"三年50万新技师的培养计划"，强调各地、各行业、各企业、各职业院校等要大力开展职业技术培训，以培训促就业，全面提高技术工人的素质。

技术工人密集的机械行业历来高度重视技术工人的职业技能培训工作，尤其是技术工人培训教材的基础建设工作，并在几十年的实践中积累了丰富的教材建设经验。作为机械行业的专业出版社，机械工业出版社在"七五"、"八五"、"九五"期间，先后组织编写出版了"机械工人技术理论培训教材"149种，"机械工人操作技能培训教材"85种，"机械工人职业技能培训教材"66种，"机械工业技师考评培训教材"22种，以及配套的习题集、试题库和各种辅导性教材约800种，基本满足了机械行业技术工人培训的需要。这些教材以其针对性、实用性强，覆盖面广，层次齐备，成龙配套等特点，受到全国各级培训、鉴定和考工部门和技术工人的欢迎。

2000年以来，我国相继颁布了《中华人民共和国职业分类大典》和新的《国家职业标准》，其中对我国职业技术工人的工种、等级、职业的活动范围、工作内容、技能要求和知识水平等根据实际需要进行了重新界定，将国家职业资格分为5个等级：初级（5级）、中级（4级）、高级（3级）、技师（2级）、高级技师（1级）。为与新的《国家职业标准》配套，更好地满足当前各级职业培训和技术工人考工取证的需要，我们精心策划编写了这套《国家职业资格培训教材》。

这套教材是依据劳动和社会保障部最新颁布的《国家职业标准》编写的，

为满足各级培训考工部门和广大读者的需要，这次共编写了 41 个职业的 172 种教材。在职业选择上，除机电行业通用职业外，还选择了建筑、汽车、家电等其他相近行业的热门职业。每个职业按《国家职业标准》规定的工作内容和技能要求编写初级、中级、高级、技师（含高级技师）四本教材，各等级合理衔接、步步提升，为高技能人才培养搭建了科学的阶梯型培训架构。为满足实际培训的需要，对多工种共同需求的基础知识我们还分别编写了《机械制图》、《机械基础》、《电工常识》、《电工基础》、《建筑装饰识图》等近 20 种公共基础教材。

在编写原则上，依据《国家职业标准》又不拘泥于《国家职业标准》是我们这套教材的创新。为满足沿海制造业发达地区对技能人才细分市场的需要，我们对模具、制冷、电梯等社会需求量大又已单独培训和考核的职业，从相应的职业标准中剥离出来单独编写了针对性较强的培训教材。

为满足培训、鉴定、考工和读者自学的需要，在编写时我们考虑了教材的配套性。教材的章首有培训要点、章末配复习思考题，书末有与之配套的试题库和答案，以及便于自检自测的理论和技能模拟试卷，同时还根据需求为 20 多种教材配制了 VCD 光盘。

为扩大教材的覆盖面和体现教材的权威性，我们组织了上海、江苏、广东、广西、北京、山东、吉林、河北、四川、内蒙古等地相关行业从事技能培训和考工的 200 多名专家、工程技术人员、教师、技师和高级技师参加编写。

这套教材在编写过程中力求突出"新"字，做到"知识新、工艺新、技术新、设备新、标准新"；增强实用性，重在教会读者掌握必需的专业知识和技能，是企业培训部门、各级职业技能鉴定培训机构、再就业和农民工培训机构的理想教材，也可作为技工学校、职业高中、各种短训班的专业课教材。

在这套教材的调研、策划、编写过程中，曾经得到广东省职业技能鉴定中心、上海市职业技能鉴定中心、江苏省机械工业联合会、中国第一汽车集团公司以及北京、上海、广东、广西、江苏、山东、河北、内蒙古等地许多企业和技工学校的有关领导、专家、工程技术人员、教师、技师和高级技师的大力支持和帮助，在此谨向为本套教材的策划、编写和出版付出艰辛劳动的全体人员表示衷心的感谢！

教材中难免存在不足之处，诚恳希望从事职业教育的专家和广大读者不吝赐教，批评指正。我们真诚希望与您携手，共同打造职业培训教材的精品。

国家职业资格培训教材编审委员会

前 言

随着经济与社会的快速发展，无损检测行业对技能型人才提出了数量、质量和结构方面的要求，快速培养掌握无损检测技术的技能型人才已成为当务之急。针对这一需求，并配合"国家高技能人才培养工程"，我们依据《国家职业标准 无损检测员》，编写了这套无损检测员国家职业资格培训教材，包括《无损检测员——基础知识》《无损检测员——超声波检测》《无损检测员——射线检测》《无损检测员——磁粉检测》和《无损检测员——渗透检测》。

本套培训教材系统地介绍了无损检测技术知识、相关检测设备的工作原理和操作方法，涵盖全部常规无损检测技术的理论知识和技能鉴定要点，使读者通过对应用实例的学习，掌握典型无损检测的工艺原理和操作步骤，以及各种无损检测工艺的拟定和检测设备的操作方法，为考取相应的国家职业资格证书奠定良好的基础。

《无损检测员——磁粉检测》是这套培训教材之一，主要内容包括概述、磁化、磁粉检测设备、磁粉检测的方法及工艺、磁粉检测工艺规程编制、磁痕分析与评定、质量控制及安全防护、典型工件的磁粉检测。本书采用现行国家标准规定的术语、符号和法定计量单位，知识体系和技能要点符合行业或国家标准。

本书由海军航空工程学院孙金立、山东省特种设备检验研究院李以善主编，海军航空工程学院袁英民、山东省质量技术监督局教育培训中心姜奎书任副主编，海军航空工程学院陈新波、张海兵、李小丽，山东省质量技术监督局教育培训中心沙蒙，防灾科技学院李孝朋，济南职业学院王红兰参加编写。

在本书的编写工程中，参考了相关文献资料，在此向这些文献资料的作者表示衷心的感谢。

由于编者水平有限，再加上编写时间仓促，书中难免有疏漏之处，敬请广大读者批评指正。

编　者

目　录

第 一 章

概述

 培训学习目标

1. 了解磁粉检测的发展历史。
2. 掌握材料的漏磁特性和磁粉检测原理。

◇◇◇ 第一节　磁粉检测的发展简史和现状

一、磁粉检测的发展简史

磁粉检测是利用磁现象来检测工件中的缺陷，它是漏磁检测方法中最常用的一种。磁现象的发现很早，早在春秋战国时期，我国劳动人民就发现了磁石吸铁现象，并发明了指南针，最早地应用于航海。17 世纪以来，一大批科学家对磁力、电流周围存在的磁场、电磁感应规律以及铁磁物质等进行了系统研究。这些系统研究给磁粉检测的创立奠定了基础。

早在 19 世纪，人们就已开始从事磁通检漏试验。1868 年，英国《工程》杂志首先发表了利用罗盘仪探查磁通以发现枪管上不连续性的报告。8 年之后，Hering 利用罗盘仪检查钢轨不连续性获得美国专利。

磁粉检测的设想是美国人霍克于 1922 年提出的。他在切削钢件的时候，发现铁末聚集在工件上的裂纹区域。于是，他第一个提出可利用磁铁吸引铁屑这一人所共知的物理现象来进行检测。但是，在 1922—1929 年的 7 年间，他的设想并没有付诸实施，其原因是受到当时磁化技术的限制以及缺乏合格的磁粉。

1928 年，Forest 为解决油井钻杆断裂的问题，研制了周向磁化，使用了尺寸和形状受控并具有磁性的磁粉，获得了可靠的检测结果。Forest 和 Doane 开办的公司，在 1934 年改为生产磁粉检测设备和材料的 Magnaflux（磁通公司），对磁粉检测的应用和发展起了很大的推动作用。在此期间，首次用来演示磁粉检测技术的一台实验性的固定式磁粉检测装置问世。

磁粉检测技术早期被用于航空、航海、汽车和铁路部门，用来检测发动机、车轮轴和其他高应力部件的疲劳裂纹。在 20 世纪 30 年代，固定式、移动式磁化设备和便携式磁轭相继研制成功，湿法技术也得到应用，退磁问题也得到了解决。

1938 年德国发表了《无损检测论文集》，对磁粉检测的基本原理和装置进行了描述。1940 年 2 月美国编写了《磁通检验的原理》教科书，1941 年荧光磁粉投入使用。磁粉检测从理论到实践，已初步成为一种无损检测方法。

第二次世界大战后，磁粉检测在各方面都得到迅速的发展。各种不同的磁化方法和专用检测设备不断出现，特别是在航空、航天及钢铁、汽车等行业，不仅用于产品检验，还在预防性的维修工作中得到应用。在 20 世纪 60 年代的工业竞争时期，磁粉检测向轻便式系统的方向进展，并出现磁场强度测量、磁化指示试块（试片）等专用检测器材。由于硅整流器件的进步，磁粉检测设备也得以完善和提高，检验系统也得到开发。随着无损检测工作日益被重视，磁粉检测Ⅰ、Ⅱ、Ⅲ级人员的培训与考核也成为重要工作。1978 年，第一次将可编制程序的元件引入，代替了磁粉检测系统的逻辑继电器。高亮度的荧光磁粉和高强度的紫外线灯的问世，极大地改善了磁粉检测的检测条件。如今，湿法卧式磁粉检验系统已发展到使用微机控制，磁粉检验法已包括适配的计算机化的数据采集系统。

前苏联航空材料研究院的瑞加德罗，毕生致力于磁粉检测的研究和开发工作，作出了卓越的贡献。20 世纪 50 年代初期，他系统地研究了各种因素对检测灵敏度的影响，在大量试验的基础上，制订了磁化规范，被世界许多国家认可并采用。

中华人民共和国成立前，我国仅有几台进口的美国蓄电池式直流检测机，用于航空工件的维修检查。新中国成立后，磁粉检测在航空、兵器、汽车等机械工业部门首先得到广泛应用。几十年来，经各国磁粉检测工作者和设备器材制造者的共同努力，磁粉检测已经发展成为一种成熟的无损检测方法。

二、磁粉检测的现状

国外很重视磁粉检测设备的开发，因为只有检测设备的进步，才能使磁粉检测得以成功的应用。现在国外磁粉检测设备从固定式、移动式到便携式，从半自动、全自动到专用设备，从单向磁化到多向磁化，已实现系列化和商品化。由于晶闸管等电子元器件和计算机技术用于磁粉检测设备，使设备小型化，并实现了电流无级调节，智能化设备大量涌现，这些设备可以预置磁化规范和合理的工艺参数，进行荧光磁粉检测和自动化操作。国外成功地运用电视光电探测器荧光磁粉扫查和激光飞点扫描系统，实现了磁粉检测观察阶段的自动化，将检测到的信息在微机或其他电子装置中进行处理，鉴别不允许存在的不连续性，并进行自动标记和分选，提高了检测的灵敏度和可靠性，代表了当代磁粉检测的新成就。

我国近年来磁粉检测设备发展也很快，磁粉检测设备已实现了专业化和系列化，三相全波直流检测超低频退磁设备的性能与国外同类设备水平相当，交流磁粉探伤机用于剩磁法检验时加装的断电相位控制器保证了剩磁稳定，这是我国同类产品的特色。断电相位控制器利用了晶闸管技术，可以代替自耦变压器无级调节磁化电流，为我国磁粉检测设备的电子化和小型化奠定了基础。半自动化检测设备的广泛使用，大大提高了检测的速度和质量。智能化设备和光电扫描图像识别的磁粉检测设备已研制成功，荧光磁粉检测电视摄像观察系统已投入生产检验，用电脑处理磁痕显示的试验研究也有了很大进展。

磁粉检测的器材国内外已开发的很多。如与固定式探伤机配合用的400W冷光源紫外灯，解决了紫外灯工作时的发热问题。快速断电测量器的开发，解决了直流磁化"快速断电效应"的测量问题。标准试片、试块和测量剩磁用的磁强计都形成系列产品配套使用。国内研制的LPW－3号磁粉检验载液（无臭味煤油），性能指标高于国外同类产品。照度计和紫外辐射计的性能也不亚于国外同类产品。但国产紫外灯的质量还有待提高，袖珍式磁强计的生产还满足不了市场需要。国内磁粉检测用磁粉，尤其是荧光磁粉，质量尚待进一步提高。

国外有不同规格（包括黑光和白光）的光导纤维内窥镜，能满足工件上孔内壁缺陷的检测要求，仪器型号和生产厂家一般都纳入有关技术标准中。国内已研制出光导纤维内窥镜，有望提高黑光辐照度后能推广应用。

在工艺方法方面，我国兵器行业组织测定了常用的百余个钢种的磁特性曲线，为准确地选择磁化规范提供了很好的依据。航空行业发明的磁粉检测-橡胶铸型法，为定量地检测孔内壁早期疲劳裂纹开辟了一条新路，还为记录缺陷磁痕提供了良好的方法，与国外应用的磁橡胶法相比具有无可比拟的优越性。在对缺陷和激励磁场间相互作用所产生的漏磁场分布特性、磁粉在漏磁场中的受力分析等基础问题的研究上，我国学者也取得了较大的进展。

磁粉检测的质量控制，是对影响磁粉检测灵敏度的各个因素逐一地加以控制，国外非常重视，不仅制定了具体控制项目、检验周期和技术要求，并设有质量监督检查，保证贯彻执行。在我国，通过借鉴国外先进经验对磁粉检测质量控制日益受到重视，并能较好地贯彻执行。目前，国内颁布了一系列磁粉检测标准来保证磁粉检测工作的正常进行。但各行业发展不平衡，有些质量控制项目没有纳入标准，有些虽纳入标准，但流于形式，这种局面急待改变。

随着我国国防实力的逐步提高，对无损检测工作也提出了更高的要求，磁粉检测工作也日益受到重视，磁粉检测的方法也将日趋完善和拓展。无损检测人员的资格鉴定与认证工作的进一步实施，将大大提高无损检测人员素质，提高检测能力。磁粉检测工作必将出现一个新局面，达到一个新水平，为实现我国国防现代化做出应有的贡献。

◇◇◇◇ 第二节　漏磁场检测与磁粉检测

一、漏磁场检测方法的分类

漏磁场检测是无损检测中用得较多的一种形式。它是利用铁磁性材料或工件磁化后，如果在表面和近表面存在材料的不连续性（材料的均质状态或致密性受到破坏），则在不连续性处的磁场方向将发生改变，在磁力线离开工件和进入工件表面的地方产生磁极，形成漏磁场。用传感器对这些漏磁场进行检测，就能检查出缺陷的位置和大小。

根据漏磁场检测的方法，可将漏磁场检测分为：

（1）漏磁场测定法　这是利用某种传感器件，直接对漏磁场进行检测的方法。能够检测漏磁场的器件很多，主要有两大类，即检测线圈和磁敏元件。检测线圈是利用电磁感应原理，当线圈接收到漏磁场的变化时，线圈中将有感应电流产生。将这种电流进行放大和处理分析，就可以得到材料缺陷状况的信息。磁敏元件（霍尔元件、磁敏二极管等）是一种能将磁信号变换成电信号的磁电转换器件，利用它们可以检查材料表面是否存在由缺陷引起的漏磁场。

（2）磁性记录法　这是一种利用录磁材料（如磁带）来记录缺陷产生的漏磁信息，然后将这些信息设法再现以供分析处理的检测技术。

（3）磁粉检测法　这是用磁粉作为漏磁场的检测介质，利用磁化后工件缺陷处漏磁场吸引磁粉形成的磁痕显示，从而确定缺陷存在的一种检测方法。

比较上述三种方法可以看出，磁粉检测法最简单、实用，灵敏度较高，成本也较低廉，适用于多种场合和不同产品，因而在生产实际中得到广泛应用。但是，磁粉检测法检测速度低，难于实现自动化，人为影响因素复杂，在实现自动控制方面不如其他方法。利用漏磁和录磁的检测方法，能实现对大批量工件的自动化检测，不仅可以检出缺陷，还能对缺陷的某些特性进行测量。对形状复杂、检测影响因素多的工件，磁粉检测优势较大；但对形状或检测要求单一，并且批量很大的工件，漏磁和录磁检测则具有较大优势。

二、磁粉检测的特点

磁粉检测（Magnetic Particle Testing，缩写符号为MT），又称为磁粉探伤或磁粉检验，是五种应用较为广泛的常规无损检测方法之一。磁粉检测的对象是铁磁性材料，包括未加工的原材料（如钢坯），加工后的半成品、成品及在役或使用中的零部件。磁粉检测的基础是缺陷处漏磁场与磁粉间的相互作用。在铁磁性工件被磁化后，由于材料不连续性的存在，使工件表面和近表面的磁力线在材料不连续处发生局部畸变而产生漏磁场，吸附施加在工件表面的磁粉，形成了在合适光照下目视可见的磁痕，从而显示出材料不连续性的位置、形状和大小，通过对这些磁痕的观察和分析，就能得出对影响制品使用性能的缺陷的评价。

钢铁零件采用磁粉检测有以下优点：

1）可发现裂纹、夹杂、发纹、白点、折叠、冷隔和疏松等缺陷，缺陷显现直观，可以一目了然地观察到它的形状、大小和位置。根据缺陷的形态及加工特点，还可以大致确定缺陷是什么性质（裂纹、非金属夹杂、气孔等）。

2）对工件表面的细小缺陷也能检查出来，也就是说，具有较高的检测灵敏度。一些缺陷（如发纹）宽度很小，用磁粉检测也能发现。但是太宽的缺陷将使检测灵敏度降低，甚至不能吸附磁粉。

3）只要采用合适的磁化方法，几乎可以检测到工件表面的各个部位，不受工件大小和形状的限制。

4）与其他检测方法相比较，磁粉检测工艺比较简单，检查速度也较快，相对来说所需要的检查费用也比较低廉。

磁粉检测的主要缺点如下：

1）只能适用于铁磁性材料，而且只能检查出铁磁工件表面和近表面的缺陷，一般深度不超过 $1 \sim 2mm$（直流电检查时深度可大一些）。对于埋藏较深的缺陷则难以奏效。磁粉检测不能检测奥氏体不锈钢材料和用奥氏体不锈钢焊条焊接的焊缝，也不能检测铜、铝、镁、钛等非磁性材料。马氏体不锈钢和沉淀硬化不锈钢具有磁性，可以进行磁粉检测。

2）检查缺陷时的灵敏度与磁化方向有很大关系。如果缺陷方向与磁化方向平行，或与工件表面夹角小于 $20°$，缺陷就难于显现。另外，表面浅的划伤、埋藏较深的孔洞及锻造褶皱等，也不容易被检查出来。

3）如果工件表面有覆盖层、漆层、喷丸层等，将对磁粉检测灵敏度起不良影响。覆盖层越厚，这种影响越大。

4）由于磁化工件绝大多数是用电流产生的磁场来进行的，因此需要较大的电流。而且磁化后一些具有较大剩磁的工件还要进行退磁。

三、漏磁场的其他检测方法

（1）漏磁场检测元件　用来检测漏磁场的元件种类很多，主要有感应线圈（霍尔元件和磁敏二极管等）和磁带。它们的主要特点是：

1）磁带：漏磁场可直接记录在磁带上，然后再变换成电信号进行处理。

2）感应线圈：漏磁场的输出取决于线圈的匝数、被检材料的相对移动。

3）磁敏检测元件：直接将漏磁场变换成电信号，有霍尔元件和磁敏二极管等。其中，霍尔元件中传感元件的尺寸（有效感磁面积）与感磁灵敏度是重要参数；磁敏二极管的灵敏度比霍尔元件高，但温度特性不如霍尔元件。霍尔元件目前已做成集成电路，在钢丝绳漏磁检测中应用。

（2）漏磁检测法　漏磁检测法是利用磁敏元件做成的探头检测工件表面的漏磁。所测得的漏磁信号的大小与缺陷之间有明显的关系，而缺陷宽度对漏磁信号的振幅影响较小。漏磁检测法主要适用于对称及旋转的工件，例如轴类、管材、棒材等，因此易于实现自动化。

图 1-1 所示是用磁轭法检查管子表面裂纹的一种探头形式。在这种方法中，磁轭探头不动，管子在旋转的同时作纵向运送。

用于探头的磁敏元件可用磁敏二极管或霍尔元件，也可以采用其他弱磁场测量装置。

（3）录磁检测法　录磁检测法是用磁带记录漏磁场来进行检测的，又称磁录像法。它是将具有很高矫顽力和剩磁的磁带紧贴在被检工件表面上，对工件进行适当磁化，则在不连续性处产生

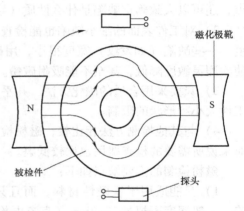

图 1-1　管子旋转漏磁检查

的漏磁场信息就全部记录在磁带上，然后通过磁电转换器（又称磁头）将录制的漏磁场信息再转换成电信号，显示在荧光屏上，或使用自动记录器获得材料不连续性漏磁场的完整曲线或图像，从而确定不连续性的部位、性质和大小。磁带在记录漏磁场与复放磁带时，有较高的灵敏度和良好的再现性。检测结果也可长期保存。

录磁检测法常用于钢坯、方钢、平板或平板焊缝的漏磁场检测，可检测极微弱的磁场信息。它不仅可以记录工件表面缺陷的散射磁场，还可以记录埋藏在工件近表面的内部缺陷的散射磁场。磁带记录的信息可以长期保存。录磁检测法对被检工件的表面粗糙度要求不高，适应性强。

使用录磁检测法时，必须在直流或脉动电流励磁的磁场中进行，励磁应使工件达到磁饱和。为了分析磁场分布信息，应当采用电子技术对所获得的信息进行处理。

目前，录磁检测技术应用逐步扩大，例如，检测石油管道焊缝、化工容器与

管道、电站承压管道等。国外已将录磁检测技术成功地应用于轧钢生产线及潜艇焊缝的检查。

◇◇◇ 第三节 表面无损检测方法的比较

磁粉检测、渗透检测和涡流检测都属于表面无损检测方法，但其原理和适用范围区别很大，有各自的优点和局限性，在使用时互相补充，见表1-1。应该熟练地掌握各种检测方法，并能根据工件材料、状态和检测要求，选择合理的方法进行检测。对于钢铁材料制成的工件，磁粉检测不管是在灵敏度还是在检测方法及检测成本上都占有相当的优势，只有在因材料或工件形状等原因不能采用磁粉检测时，方可使用渗透检测或涡流检测。

表1-1 表面无损检测方法的比较

项目	磁粉检测（MT）	渗透检测（PT）	涡流检测（ET）
原理	缺陷漏磁场吸附磁粉	毛细渗透作用	电磁感应作用
能检出的缺陷	表面及近表面缺陷	表面开口缺陷	表面及近表面缺陷
缺陷表现形式	磁粉附在缺陷附近形成磁痕	渗透液渗出形成缺陷显示	检测线圈电压和相位发生变化
显示材料	磁粉	渗透液和显像剂	记录仪、电压表和示波器
适用材料	铁磁性材料	非松孔性材料	导电材料
主要检查对象	锻钢件、铸钢件、压延件、焊缝、管材、棒材、机加工及使用中的钢件	任何非多孔材料制成的零部件及组合件	管材、线材、棒材等，可进行材料分选厚度测量等
主要检查缺陷	裂纹、发纹、白点、折叠、夹杂、冷隔等	裂纹、疏松、针孔	裂纹、材质变化、厚度变化
缺陷显示	直观	直观	不直观
检测速度	快	较慢	最快
应用	探伤	探伤	探伤、材质分选、测厚
污染	轻	较重	最轻
灵敏度	高	高	较低

◇◇◇ 第四节 材料的磁特性

不同的材料具有不同的磁特性。所有材料按磁性不同可分为三类：

1）抗磁性材料：抗磁性材料的磁导率略小于真空磁导率μ_0。将此种材料放在强磁场中，其感应磁场方向与磁铁相反。抗磁性材料有汞、金、铋和锌等。

2）顺磁性材料：顺磁性材料的磁导率略大于真空磁导率μ_0。将此种材料放在强磁场中，其感应磁场方向与磁铁相同。顺磁性材料有铝、铂、铜和木材等。

3）铁磁性材料：铁磁性材料的磁导率远远大于真空磁导率μ_0，是真空磁导率的几百倍甚至几万倍。铁磁性材料有铁、钴、镍等。

磁粉检测的对象就是铁磁性材料。下面主要对铁磁性材料进行论述。

一、磁化曲线

铁磁性材料的磁化曲线表示了该材料的磁感应强度B和磁场强度H之间的变化关系，因此也叫B—H曲线（见图1-2），铁磁性材料的磁感应强度B和磁场强度H之间的关系相当复杂，并非只是简单的线性关系，材质的磁导率$\mu = \dfrac{B}{H}$，所以对于任何一种材质来说，μ也不是常数。

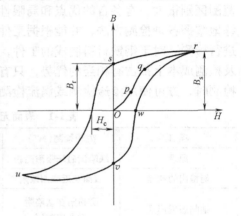

图1-2　磁化曲线

由图1-2可知，在磁场强度H较小的地方磁感应强度B缓慢地增加，当H增大到一定程度时B便急剧上升，随后又缓慢增加，到后来几乎就不增加了，这时表示铁磁体的磁性已经达到饱和。饱和点r处的B值叫做饱和磁感应强度B_s，曲线$Opqr$叫做初始磁化曲线（或原始磁化曲线）。然后将H值减小，B值由r点下降，但并不沿原来上升的曲线，而是沿曲线rs下降返回，当H值减小到零时，B值仍具有os的数值，即为剩余磁感应强度B_r。若要使磁感应强度B减小到零，必须加一个反向磁场H_c，H_c称为矫顽力。若在反方向磁场上继续增加磁场强度H，也会使B值在反方向上达到饱和（u点）。再将H值沿正方向增加，则B值就沿$uvwr$返回r点，形成一个闭合的磁化曲线，叫做磁滞回线。

由磁滞回线上H与B的变化关系可以看出，磁感应强度B的变化总是滞后于磁场强度H的变化，这称为磁滞现象。

钢材的磁化曲线随其合金成分（特别是含碳量、加工状态及热处理状态）的不同而有很大差异（见表1-2）。

二、铁磁材料的分类

磁化曲线是材料磁滞回线的一部分。材料不同，则磁滞回线、磁特性也不相同。

通常铁磁性材料按其磁特性的不同，可以分为软磁性材料和硬磁性材料两大类。

表1-2　含碳量对钢材磁性的影响

钢牌号	含碳量（%）	热处理状态	矫顽力 A/m	剩磁
40	0.4	正火	584	620
D-60	0.6	正火	640	522
T10A	1	正火	1040	439

1. 软磁性材料

软磁性材料的矫顽力很小，最大剩磁很小，即磁滞回线很狭窄的材料称为软磁性材料（见图1-3a）。软磁性材料具有高磁导率、低磁阻、低剩磁和低矫顽力等特点，常见的软磁性材料有纯铁、低碳钢、低合金钢以及退火状态下的中碳钢等，对于软磁性材料进行磁粉检测时的磁化规范要求比硬磁性材料要低，而且在没有特殊要求的情况下，检测后可不进行退磁。

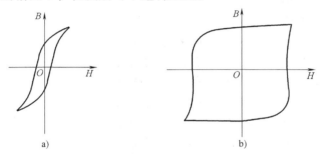

图1-3　软磁性材料与硬磁性材料磁滞回线形状

2. 硬磁性材料

硬磁性材料具有较高的矫顽力，最大剩磁很大，即磁滞回线形状肥而宽的材料称为硬磁性材料（见图1-3b）。硬磁性材料具有低磁导率、高磁阻、高剩磁和高矫顽力等特点。通常见到的永久磁体是用硬磁性材料制成。常见的硬磁性材料有铬钢、合金钢、铝镍铁合金以及经过淬火处理从而获得较高剩磁强度和矫顽力的某些结构钢、合金钢和中碳钢等。对硬磁性材料进行磁粉检测时，不仅要求较高的磁化规范，而且检测后剩磁也较大。

◇◇◇◇ 第五节　漏磁场

一、磁感应线的折射

在磁路中，磁感应线通过同一磁介质时，它的大小和方向是不变的。但从一种磁介质通向另一种磁介质时，如果两种磁介质的磁导率不同，那么这两种磁介质中的磁感应强度将发生变化，即磁感应线将在两种介质的分界面处发生突变，形成所谓折射现象。这种折射现象与光波或声波的传播现象相似，并且遵从折射定律：

$$\frac{\tan\alpha_1}{\mu_1} = \frac{\tan\alpha_2}{\mu_2} \qquad (1\text{-}1)$$

或

$$\frac{\tan\alpha_1}{\tan\alpha_2} = \frac{\mu_1}{\mu_2} = \frac{\mu_{r1}}{\mu_{r2}} \qquad (1\text{-}2)$$

式中　α_1——磁感应线从第一种介质到第二种介质界面处与法线的夹角；

　　　α_2——磁感应线在第二种介质界面处与法线的夹角；

　　　μ_1——第一种介质的磁导率；

　　　μ_2——第二种介质的磁导率。

图 1-4 表示了这种折射情况。

折射定律表明，在两种磁介质的分界面处磁场将发生改变，磁感应线不再沿着原来的路径行进而发生折射。折射的倾角与两种介质的磁导率有关。当磁感应线由磁导率较大的磁介质通过分界面进入磁导率较小的磁介质时（例如从钢进入空气），磁感应线将折向法线，而且变得稀疏。当磁感应线从磁导率较小的介质进入磁导率较大的介质时（例如从空气进入钢中），磁感应线将折离法线，变得比较密集。以磁感应线由钢铁进入空气或由空气进入钢铁为例，在空气和钢铁的分界面处，磁感应线几乎是与界面垂直的。这是由于钢铁和空气的磁导率相差 $10^2 \sim 10^3$ 数量级的缘故。

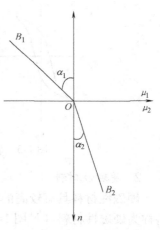

图 1-4　磁感应线的折射

例　已知某钢相对磁导率为 1000，在钢中，磁场方向与空气分界面的法线成 88°角，求在空气中磁场折射的方向。

解　设钢和空气的磁导率分别为 μ_1 和 μ_2，根据折射定律有

$$\tan\alpha_2 = \frac{\mu_2}{\mu_1}\tan\alpha_1 = \frac{1}{1000} \times \tan88° = 0.286$$

$$\alpha_2 = 1.64°$$

二、漏磁场

在磁路中，如果出现两种以上磁导率差异很大的介质时，在两者的分界面

上，由于磁感应线的折射，将产生磁极，形成漏磁场。这里所谓的漏磁场，就是在磁铁的材料不连续处或磁路的截面变化处形成磁极，磁感应线溢出工件表面所形成的磁场。

如果一个环形磁铁两端完全融合，便没有磁感应线的溢出，也不会出现磁极。因而也没有漏磁场产生。如果磁铁上有空气隙存在，则气隙两端将产生磁极而具有磁性吸力。这种吸力与空气隙的大小有关。在磁场相同的情况下，空气隙增宽，其吸力将减弱。也就是磁阻增大而磁场力降低。这时若要想保持一定的磁场力，只能增加磁势或减小间隙。磁粉检测中使用的电磁轭磁化实际就是电磁铁应用的一个例子。

还有一种漏磁场叫做试件中缺陷的漏磁场。这种漏磁场由试件材料的不连续性缺陷（如裂纹等）所产生，影响了材料的使用。图 1-5 所示为环形磁铁上有无缺陷时的磁场情况。

这种缺陷的漏磁场有一个显著的特点，即通过磁路的磁感应线不是全部从分界面上向空气折射，而是一部分磁感应线从缺陷外 N 极进入空气再回到 S 极，形成漏磁场；另一部分磁感应线则从缺陷下部基体材料的磁路中"压缩"通过，通过的多少与磁路的磁感应强度有很大的关系。由于试件中的缺陷一般相对都较小，这些漏磁场不能形成大的磁力，但足以吸引微细的铁磁粉末以显示它的存在。

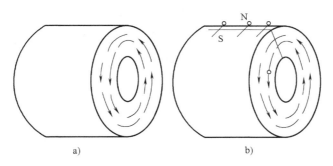

图 1-5 环形磁铁上的磁场
a) 表面无缺陷时　b) 表面有缺陷时

另外在试件加工时也可能有产生漏磁场的因素。一些工件由于使用的需要，往往人为地制作一些阶梯、槽孔或不同磁导率材料的界面，这些不同界面破坏了金属材料的连续性，在受到磁化时就将产生磁感应线的折射而形成漏磁场，这些漏磁场在磁粉检测时有时可能混淆缺陷的漏磁场，这是值得注意的。

三、缺陷处的漏磁场分布

钢铁材料制成的工件磁化后，磁感应线将沿着工件构成的磁路通过。如果工件上出现了材料的不连续性，即工件表面及其附近出现缺陷或其他异质界面，这时材料的不连续性将引起磁场的畸变，形成磁感应线的折射，并在不连续处产生磁极。以一个表面上有裂纹并已磁化的工件为例，假设磁化的方向与裂纹垂直，如图1-6所示。由于裂纹的物质是空气，与钢的磁导率相差很大，磁感应线将因磁阻的增加而产生折射。部分磁感应线从缺陷下部钢铁材料中通过，形成了磁感应线被"压缩"的现象；一部分磁感应线直接从工件缺陷中通过；另一部分磁感应线折射后从缺陷上方的空气中逸出，通过裂纹上面的空气层再进入钢铁中，形成漏磁场，而裂纹两端磁感应线进出的地方则形成了缺陷的漏磁极。

缺陷漏磁场的强度和方向是一个随材料磁特性及磁化场强度变化的量。缺陷处的漏磁通密度可以分解为水平分量 B_x 和垂直分量 B_y。水平分量与钢材表面平行，垂直分量与钢材表面垂直。图1-7表示了缺陷处的漏磁场。从图1-7中可以看出，垂直分量在缺陷与钢材交界面最大，是一个过中心点的曲线，磁场方向相反。水平分量在缺陷界面中心最大，并左右对称。如果两个分量合成，就形成了缺陷处漏磁场的分布。

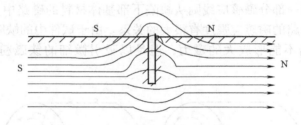

图 1-6　漏磁场的形成

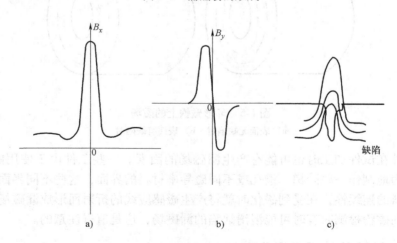

图 1-7　缺陷处漏磁场的分布

a）水平分量　b）垂直分量　c）合成漏磁通

四、影响缺陷漏磁场的因素

真实的缺陷具有复杂的几何形状，计算其漏磁场是困难的。但这并不是说漏磁场是不可认识的。对影响缺陷漏磁场的一般规律进行探讨，影响缺陷漏磁场的主要因素如下：

（1）外加磁化场的影响 从钢铁的磁化曲线可知，外加磁场的大小和方向直接影响磁感应强度的变化。而缺陷的漏磁场大小与工件材料的磁化程度有关。一般来说，在材料未达到近饱和前，漏磁场的反应是不充分的。这时磁路中的磁导率 μ 一般都比较大，磁化不充分，则磁感应线多数向下部材料处"压缩"。而当材料接近磁饱和时，磁导率已呈下降趋势，此时漏磁场将迅速增加，如图1-8所示。

（2）工件材料磁性的影响 不同钢铁材料的磁性是不同的。在同样磁化场条件下，它们的磁性各不相同，磁路中的磁阻也不一样。一般来说，易于磁化的材料容易产生漏磁场。

（3）缺陷位置及形状的影响 钢铁材料表面和近表面的缺陷都会产生漏磁场。同样的缺陷在不同的位置及不同形状的缺陷在相同磁化条件下漏磁场的反应是不同的。表面缺陷产生的漏磁场较大，表面下的缺陷（近表面缺陷）漏磁场较小，埋藏深度过深时，被弯曲的磁感应线难以逸出表面，很难形成漏磁场。缺陷埋藏深度对漏磁场的影响如图1-9所示。

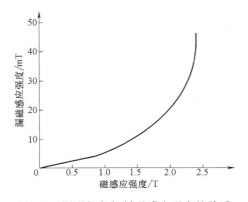
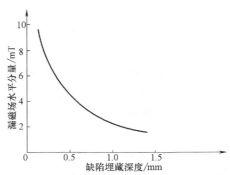

图1-8 漏磁场与钢材磁感应强度的关系　　图1-9 缺陷埋藏深度对漏磁的影响

缺陷方向同样对漏磁场大小有影响。当缺陷倾角方向与磁化场方向垂直时，缺陷所阻挡的磁通最多，漏磁场最强，也最有利于缺陷的检出。而缺陷方向与磁化场成某一角度时，漏磁场主要由磁感应强度的法线分量决定。缺陷倾角方向与磁化场方向平行时，所产生的漏磁场最小，接近于零。其下降曲线类似于正弦曲线（见图1-10中的虚线）。图1-10所示为缺陷倾角与漏磁场大小的关系。

同样宽度的表面缺陷，如果深度不同，产生的漏磁场也不一样。在一定范围内，缺陷深度与漏磁场成正比关系。同样深度的缺陷，缺陷宽度较小时，则漏磁场易于表现。缺陷深度与宽度之比值（深宽比）是影响漏磁场的重要因素。深宽比越大，漏磁场也越强，缺陷也易于被发现。当宽度过大时，漏磁通反而会有所减小，并且在缺陷两侧各出现一条磁痕。一般要求缺陷深宽比应大于5。表面下的缺陷也是一样，气孔比横向裂纹产生的漏磁场小。球孔、柱孔、链孔等形状都不利于产生大的漏磁场。图1-11所示为采用剩磁法时缺陷深宽比与检出的所需磁场的关系。

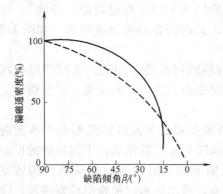

图1-10　漏磁场与缺陷倾角的关系

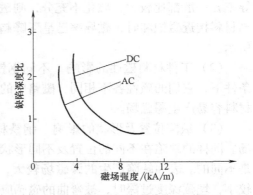

图1-11　漏磁场与缺陷深度比的关系

（4）钢材表面覆盖层的影响

工件表面覆盖层会导致漏磁场在表面上的减小，图1-12所示为漆层厚度对漏磁场的影响。若工件表面进行了喷丸强化处理，由于处理层的缺陷被强化处理所掩盖，漏磁场的强度也将大大降低，有时甚至影响缺陷的检出。

（5）磁化电流类型的影响

不同种类的电流对工件磁化的影响不同。交流电磁化时，由于集肤效应的影响，表面磁场最强，表面缺陷反应灵敏，但随着表面向里延

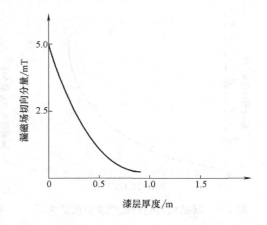

图1-12　漆层厚度对漏磁场的影响

伸，漏磁场显著减弱。直流电磁化时渗透深度最深，能发现一些埋藏较深的缺陷。因此，对于表面下的缺陷，直流电产生的漏磁场比交流电产生的漏磁场要大。

◇◇◇ 第六节　磁粉检测原理

一、磁粉在漏磁场中的受力

在磁粉检测中，漏磁场是用磁粉显示的。磁粉是一种粉末状的磁性物质，有一定的大小、形状、颜色和较高的磁性。它能够被漏磁场所磁化，并受到漏磁场磁力的作用，形成由磁粉堆积的图像，即"磁痕显示"。

磁粉被漏磁场的吸引可以这样描述：设一工件表面有一狭窄的矩形槽。当工件被平行于表面的磁场磁化时，矩形槽将产生漏磁场，其漏磁在空间的分布如图1-13所示。

随着磁化场强的增大，缺陷上的漏磁场也将适当增强。由于磁粉是一个个活动的磁性体，在磁化时，磁粉的两端将受到漏磁场力矩的作用，产生与吸引方向相反的N极与S极，并转动到最容易被磁化的位置上来，同时磁粉在指向漏磁场强度增加最快方向上的力的作用下，被迅速吸引到漏磁场最强的区域。

图1-14所示为磁粉在漏磁场处被吸引的情况。可以看出，磁粉在磁极区通过时将被磁化，并沿磁感应线排列起来。当磁粉的两极与漏磁场的两极相互作用时，磁粉就会被吸引并加速移到缺陷上去。漏磁场磁力作用在磁粉微粒上，其方向指向磁感应线最大密度区，即指向缺陷处。

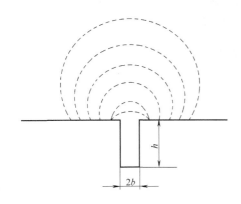

图1-13　矩形槽漏磁场的空间分布

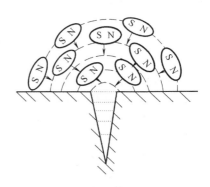

图1-14　缺陷处磁粉受力图

磁粉在缺陷漏磁场处堆积形成的磁痕显示是一种放大了的缺陷图像，它比真实缺陷的宽度大数倍到数十倍。磁痕不仅在缺陷处出现，在材料其他不连续处都可能出现。

磁粉被漏磁场吸附的过程是一个复杂的过程。它受到的不仅是磁力，还有重力、液体分子的悬浮力、摩擦力、静电力等的作用。但这些作用都是以漏磁场产生为条件的。因此，磁粉检测是一种利用铁磁材料漏磁场吸引磁粉显示出缺陷的方法，没有漏磁场存在，磁粉检测便发现不了缺陷。

二、磁粉检测原理

磁粉检测的本质是缺陷处的漏磁场与磁粉的相互作用。它利用了钢铁制品表面和近表面缺陷（如裂纹、夹渣、发纹等）磁导率与钢铁磁导率的差异，磁化后这些材料不连续处的磁场将发生畸变，形成部分磁通，泄漏出工件表面而产生了漏磁场，从而吸引磁粉形成缺陷处的磁粉堆积——磁痕，在适当的光照条件下，显现出缺陷的位置和形状。对这些磁粉的堆积加以观察和解释，就实现了磁粉检测。

磁粉检测有三个必要步骤：

1）被检验的工件必须得到磁化。

2）必须在磁化的工件上施加合适的磁粉。

3）对任何磁粉的堆积必须加以观察和解释。

磁粉检测不能用于检查工件中埋藏较深的缺陷，因为磁感应线只能在内部缺陷处产生畸变，逸不出工件表面，就不能形成漏磁场，更不会吸引磁粉，缺陷也就检测不出来。磁粉检测的显示元件是磁粉。除磁粉外，也可以利用如霍尔元件、磁敏效应器件、磁敏二极管、磁通门、磁带等来检测漏磁场，利用这些元件可以制成漏磁探伤检验设备。漏磁检测属于电信号检测，可实现自动化，但只适用于几何形状比较规则的原材料和工件，检测的灵敏度目前也低于磁粉检测。

复习思考题

1. 磁粉检测的原理是什么？
2. 简述磁粉检测的适用范围。
3. 简述磁粉检测的主要优点和局限性。
4. 何谓材料的磁特性？
5. 简述漏磁场的形成。
6. 简述影响漏磁场的因素。
7. 漏磁场检测如何分类？主要区别是什么？

第 二 章

磁化

培训学习目标

1. 了解磁粉检测过程中磁化的概述。
2. 熟悉各种磁粉检测的磁化工艺参数。
3. 掌握常用磁化规范。

◈◈◈ 第一节　磁化电流

磁粉检测中用于对工件实施磁化的磁场大都是由电流产生的，这种用于产生磁场的电流称为磁化电流。磁粉检测用的磁化电流种类有交流电、整流电、直流电及脉冲电流。不同种类的电流对工件的磁化是有差异的，即便磁化电流值相同，其磁化磁场的幅值，以及在工件中磁场的分布也都是不同的。

一、交流电

交流电是指大小和方向随时间作周期性变化的电流，正弦（余弦）交流电是随时间作正弦（余弦）变化的交流电，正弦交流电见图 2-1。其数学表达式为

$$i = I_m \sin(\omega t + \varphi) \tag{2-1}$$

式中　i——交流电的瞬时值；

　　I_m——交流电的峰值；

　　ω——角频率；

　　φ——初相位。

一直流电与交流电分别通过相同电阻，如果在交流的一周期内两者所产生的

热量相同，则将此直流电的大小定义为该交流电的有效值 I，即

$$I = \sqrt{\frac{1}{T}\int_0^T i^2 dt}$$

式中　T——交流电的周期。

将式（2-1）代入上式，于是可以得到交流电有效值与峰值的关系：

$$I = \frac{1}{\sqrt{2}}I_{\mathrm{m}} \tag{2-2}$$

在磁粉检测中，对工件磁化起作用的是电流的峰值，而交流电表提供的是有效值。

交流电通过导电体时，其电流密度分布是不均匀的，导体表面的电流密度大，而中心部位很小，这种电流趋向于导体表层流动的现象称为趋肤效应。引起趋肤效应的原因在于导体内存在涡流，如图 2-2 所示。

当导线中有交流电 i 通过时，在电流的周围产生环形磁场 B，这个变化的磁场会在导体中产生涡电流。涡电流和原电流在一个周期的大部分时间内的各个瞬间，轴线附近的 i' 和 i 方向相反，而表层的 i' 和 i 方向相同。这样，导线横截面上的电流分布就集中在表层，就形成了趋肤效应。

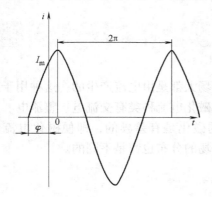

图 2-1　正弦交流电

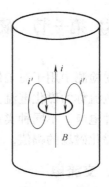

图 2-2　趋肤效应的产生

为了定量描述趋肤效应的大小，通常引入渗透深度 δ 的概念，它表示在距导体表面 δ 深度处，电流密度已降低到表面值的 $\frac{1}{e}$（$\approx 37\%$），可由下式计算

$$\delta = (\pi f \mu \sigma)^{-\frac{1}{2}} \tag{2-3}$$

式中　f——交流电的频率；

　　　μ——导体的磁导率；

　　　σ——导体的电导率。

由式（2-3）可知，趋肤效应随交流电的频率及导体导电、导磁能力的增大

而减小。

在磁粉检测中，交流电获得了相当广泛的应用，其原因如下：

（1）对表面缺陷检测灵敏度高　趋肤效应使磁化电流及其产生的磁通趋于工件表面，提高了表面缺陷检测能力。众所周知，工件表面裂纹对使用安全具有很大威胁，灵敏而可靠地检测表面缺陷对安全具有重要的意义。

（2）适宜于变截面工件的检测　若采用直流电磁化工件，则在截面变化处会有较多的漏磁通；而使用交流电磁化，可得到比较均匀的表面磁场分布，检测效果较好。

（3）便于实现复合磁化和感应磁化　复合磁化中，常用两个交流磁化场的叠加来产生旋转磁场，或者采用交流场和直流场叠加产生摆动磁场。总之，复合磁化中交流电是不可缺少的。在感应磁化中也必须采用交流电。

（4）有利于磁粉在被检表面上的迁移　交流电方向不断变化，它产生的磁场也是交变的。被检工件表面受到交变磁场的作用，会有助于磁粉的迁移，有利于缺陷磁痕的形成。

（5）设备结构简单　交流磁粉探伤机直接配用工业电源，不需要整流、滤波等装置，设备结构简单，价格便宜，重量轻，便于维修。

（6）易于退磁　交流磁化剩磁集中于工件表面，采用交流退磁可方便地将剩磁退掉。

交流电作为磁化电源在使用中也有其不足之处，使用上也受到一定限制，主要有以下两个方面：

1）剩磁不够稳定。交流电用于剩磁法检测时，有剩磁不稳和偏小的情况，这时有可能会造成缺陷漏检。其原因是由于磁化电流中断时电流断电相位的随机性。图 2-3 所示为铁磁材料磁滞回线与充磁电流相位的关系，0、1、2、3 等表示电流与磁滞回线上的对应点。当交流电在正弦周期的 $\left(\dfrac{\pi}{2} \sim \pi\right)$、$\left(\dfrac{3\pi}{2} \sim 2\pi\right)$ 或在零值断电时，工件上将获得最大剩磁 B_r，当断电发生在 $\left(0 \sim \dfrac{\pi}{2}\right)$、$\left(\pi \sim \dfrac{3\pi}{2}\right)$ 时，剩磁将变小。从图

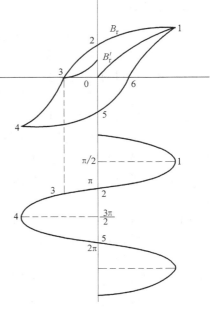

图 2-3　铁磁材料磁滞回线与充磁电流相位的关系

中可以看出，交流电在 3 处断电，由于铁磁材料的磁滞特性，3 处断电后将沿曲线到达 B'_r 点，此时剩磁 B'_r 将小于 B_r。由此可见，交流磁化时，工件中的剩磁大小与断电相位有关。若要获得稳定的剩磁，可以配备断电相位控制器，可以获得稳定的最大剩磁，但同时也增加了磁化设备的成本。

2）检测深度小。交流电趋肤效应固然提高了表面缺陷的检测灵敏度，但对表层下缺陷的检测能力就不如直流电了，一些近表面缺陷会产生漏检。对于有镀层的工件最好不用交流电磁化。

二、直流电

直流电是指大小和方向都恒定不变的电流，也称稳恒电流。磁粉检测中早期使用的磁化电流都是直流电，通常由蓄电池并联或直流发电机提供，由于使用中电源供给不便，现代工业已很少使用。

直流电磁化工件，电流无趋肤效应，在导体内均匀分布，磁场渗透性能好，因此检测深度大，近表面缺陷的检测能力比交流强。此外，直流磁化剩磁稳定，无需断电相位控制。

由于直流磁化磁场渗透深度大，退磁也更为困难，有时需要专用的退磁装置。

三、整流电

整流电是方向不变，但大小随时间变化的电流。整流电既含有直流部分，又含有交流部分，故有时也称为脉动交流或脉动直流。

整流电是通过对交流电整流获得的，分为单相半波、单相全波、三相半波、三相全波四种类型。图 2-4 是它们的原理图和电流波形图。整流是利用半导体二极管的单向导电特性把交流电变为脉动直流电的。半波整流是交流电通过二极管后只保留电流的正半周，利用二极管的截止功能去掉了负半周。全波整流是利用变压器的中心抽头与两个二极管配合，使两个二极管分别在正半周和负半周轮流导通，而且两者流过负载的电流保持同一方向，使正弦曲线的负半周也倒转了过来。

由图 2-4 可知，三相全波或半波整流电交流分量已很小，波动很小，已接近直流，其磁化效果也近似于直流。在现代磁粉检测中已几乎替代了纯直流磁化。而单相半波或全波整流电，交流分量大，电流波动大，尤其是单相半波，电流是由直流脉冲组成，每个脉冲持续半周，在脉冲之间的半周完全没有电流流动。因此，它的磁化效果与直流相差很大。

单相半波整流电具有如下磁化特点：

（1）兼有渗透性和脉动性　单相半波整流电方向单一，趋肤效应远比交流

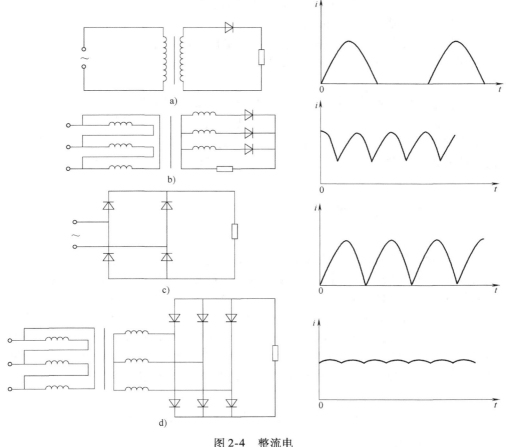

图 2-4　整流电

a）单相半波　b）三相半波　c）单相全波　d）三相全波

小，因此能探测近表面缺陷。试验表明：对于钢中 $\phi 1mm$ 的人工缺陷，交流磁化时，剩磁法检出深度为 1mm，连续法为 2.5mm，而单相半波整流电磁化时，剩磁法为 1.5mm，连续法为 4mm。

　　但是，半波整流电交流分量较大，它的磁场具有强烈的脉动性，它能够搅动干燥的磁粉，有利于磁粉的迁移。因此，单相半波整流电常与干法相结合，用于检测大型铸件及焊缝的表层缺陷。

　　（2）剩磁稳定　单相半波整流电所产生的磁滞曲线如图 2-5 所示，因为磁场总

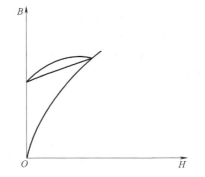

图 2-5　单相半波整流电所产生的磁滞曲线

是同方向的，不存在磁滞回线中的退磁曲线段，所以无论何时断电，总能在工件上获得稳定的剩磁，试验也证明了这一点。

（3）对比度好　单相半波整流电磁化工件时磁场不是过分地集中于表面，所以即使采用严格规范，缺陷上的磁粉也不会大量增加，磁痕轮廓清晰，本底干净，便于观察分析。

整流电的磁化效果随着电流脉动性的减小，磁场渗透深度的加深，检测深度增大，更接近直流电，整流电磁化无需考虑断电相位问题，任何时刻断电都可获得稳定的剩磁。但整流电磁化后工件的退磁比交流困难。要想彻底有效地退磁，需用超低频退磁设备，用它退磁效率很低，并且设备价格昂贵。

◇◇◇ 第二节　磁化方法

磁粉检测中，缺陷能否由磁痕显示和显示的清晰程度主要取决于其产生漏磁通的多少，即缺陷表面上漏磁场强度的大小。漏磁场强弱的一个重要影响因素是磁场与缺陷主平面的交角。当磁化方向与缺陷主平面垂直时，缺陷漏磁场最强，即检测灵敏度最高。而当两者平行时，因为缺陷并不切割磁力线，漏磁场几乎不存在，缺陷难以检出。在实际应用中，尽可能选择与缺陷面垂直的磁化场（最少不低于45°），以确保检测效果。但由于工件中的缺陷可能有各种取向，有的很难预计，为了发现不同方向的缺陷，于是发展了不同的磁化方法，以便于在工件中建立不同方向的磁场。

根据在工件中建立磁场的方向，通常将磁化分为周向磁化、纵向磁化和复合磁化。

一、周向磁化

周向磁化是在工件中建立一个沿圆周（与轴线垂直）方向的磁场，主要用于发现纵向（轴向）和接近纵向（夹角小于45°）的缺陷。周向磁化常用方法有直接通电法、中心导体法、穿电缆法和支杆法等。

1. 直接通电法

将工件夹持在探伤机两电极之间，使电流沿轴向通过工件，电流在工件内部及其周围建立一个闭合的周向磁场，如图2-6所示。

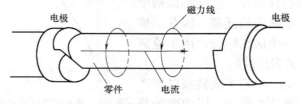

图2-6　周向磁化直接通电法

使用直接通电法时在工件内的磁场分布与工件的形状有关，这里以棒材、管材作为典型工件进行分析。

一半径为 R 的长圆柱导体（棒材），其磁导率为 μ，当通一直流电 I 时，该电流产生的磁场的磁力线是以工件轴线为圆心、垂直于工件轴线的一簇同心圆。

产生的磁感应强度 B 可表达为

$$B = \frac{\mu I r}{2\pi R^2} \qquad (r \leqslant R) \qquad (2\text{-}4)$$

$$B = \frac{\mu_0 I}{2\pi r} \qquad (r > R) \qquad (2\text{-}5)$$

式中，μ_0 为真空磁导率，r 表示研究空间内任意点至轴线的距离。

图 2-7 是钢棒内外磁场、磁感应强度沿直径方向的分布图。由图可见，在钢棒中心，H 和 B 都为零，随 r 的增大，H 和 B 成线性增大，在工件表面达到最大。由于磁感应强度 B 在分界面处切向分量不连续，所以 $r = R$ 处空气一侧，B 突然下降至原来的 $\frac{1}{\mu_r}$，而 H 不存在这一突变。当 $r > R$ 时，H 和 B 随 r 的增大成反比例减小。

当钢棒通交流电磁化时，由于趋肤效应，电流密度在表层大，随着深入钢棒内部衰减显著，所以磁场 H 和磁感应强度 B 在工件内部不是线性变化，而是如图中曲线 2 所示，进入工件后，两者都迅速衰减。

对于管件进行直接通电，其磁场的方向与棒材一致，但在磁场分布上，两者是有差别的。设管内、外半径分别为 R_1、R_2，磁导率为 μ，通直流电磁化，由安培环路定理得

$$H = 0 \qquad (r > R_1) \qquad (2\text{-}6)$$

$$H = \frac{I(r^2 - R_1^2)}{2\pi r(R_2^2 - R_1^2)} \qquad (R_1 \leqslant r \leqslant R_2) \qquad (2\text{-}7)$$

$$H = \frac{I}{2\pi} \qquad (r > R_2) \qquad (2\text{-}8)$$

其磁场分布如图 2-8 所示。

由图和公式可见，钢管在直接通电时，钢管内壁磁场为零，若内表面有缺陷将难以检出。

采用直接通电法磁化工件，应注意工件与电极之间接触良好，有较大的导电接触面，否则容易局部烧伤工件，尤其是薄壁管一类的工件。

2. 中心导体法

中心导体法是利用导电材料（如铜棒）作芯棒，穿过带孔的工件（如钢管），让电流从与孔同心放置的芯棒中通过，从而产生磁场磁化工件的方法。这种方法也称穿棒法或芯棒法，它产生的磁场与直接通电一样，即产生周向磁场，用于检查管环件内外表面轴向缺陷和端面的径向缺陷，如图 2-9 所示。

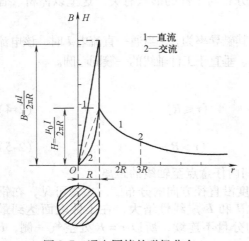

图 2-7　通电圆棒的磁场分布

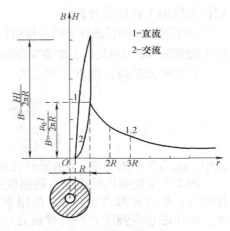

图 2-8　通电圆管的磁场分布

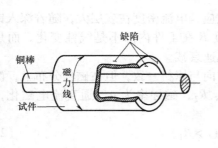

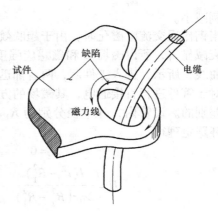

图 2-9　中心导体法

　　中心导体法的磁场分布如图 2-10 所示，图中芯棒半径为 R_1，管件内、外半径分别为 R_2、R_3，工件磁导率为 μ，磁化电流为 I，由安培环路定理求得各部位的磁场表达式为

$$H = \frac{Ir}{2\pi R_1^2} \qquad (r \leqslant R_1) \qquad (2\text{-}9)$$

$$H = \frac{I}{2\pi r} \qquad (r > R_1) \qquad (2\text{-}10)$$

磁感应强度表达式为

$$B = \frac{\mu Ir}{2\pi R_1^2} \qquad (r \leqslant R_1) \qquad (2\text{-}11)$$

$$B = \frac{\mu_0 I}{2\pi r} \qquad (R_1 < r < R_2) \qquad (2\text{-}12)$$

$$B = \frac{\mu I}{2\pi r} \qquad (R_2 \leqslant r \leqslant R_3) \qquad (2\text{-}13)$$

$$B = \frac{\mu_0 I}{2\pi r} \qquad (r > R_3) \qquad (2\text{-}14)$$

由图 2-10 可见，中心导体法可以在管材内外表面都获得足够的磁感应强度，内壁强于外壁，内壁缺陷可以得到清晰的显示，这是直接通电法所不及的。此外，对于小型的管、环工件，也可以将数个工件一起穿在芯棒上一次磁化，以提高效率。由于中心导体法电流是从芯棒中流过的，不会发生直接通电法中烧伤工件的现象。

采用中心导体法时，芯棒应置于工件内孔中心，以便于获得一个比较均匀的磁化场。如果工

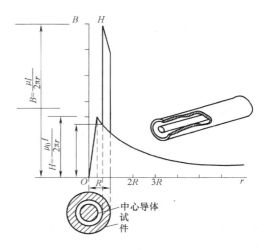

图 2-10　中心导体法的磁场分布图

件直径太大，探伤机提供的电流不能满足工件表面所要求的磁场值时，可以将工件偏心放置，选用适当的电流对工件进行圆周方向的分段磁化、检查。对于大型的管、环工件，不能安放到检测装置中检查时，也可以用电缆代替芯棒，如图 2-11 所示。增加电缆匝数可以提高工件中的磁场值。这样也可以获得需要的周向磁化。

3. 支杆法

支杆法是通过两支杆电极将磁化电流引入工件，在电极之间的工件中形成磁场进行局部检验的磁化方法，支杆法也叫触头法和刺入法等，如图 2-12 所示。

用支杆法磁化工件时，工件表面的磁场强度与磁化电流、支杆间距有关。磁化电流一定时，支杆间距越大，工件表面磁场值就越小；支杆间距一定时，工件表面磁场值随磁化电流变化，电流值增大，磁场值也增大，图 2-13 所示的磁场磁力线将增加。在实际使用中，为了得到比较稳定的适宜检测的表面磁场值，对磁化电流、支杆间距都有一定的规定。磁化电流一般根据被检工件板厚选择 3.5 ~ 5A/mm（间距）；支杆间距以 150 ~ 200mm 为宜，最大不超过 300mm，最小不低于 75mm。间距过大，磁场值达不到规定要求，过低则会使电极附近磁力

线过密，产生与缺陷无关的磁痕。

支杆法是一种局部通电磁化方法，用于发现支杆之间区域内与支杆连线平行方向的缺陷，变动支杆通电位置，可以发现不同方向的缺陷。检测灵敏度高，机动性强，方便灵活，不受试件形状、尺度的限制，对于大型、复杂工件尤为适宜。支杆法也可适用于管、棒材等轴类工件，这时产生的磁场与直接通电法并无差异，图 2-14 所示是对小直径钢管（棒）的检测。

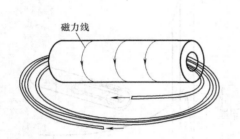

图 2-11　绕电缆法

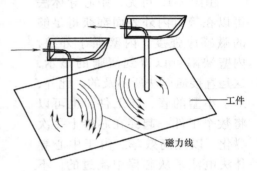

图 2-12　支杆法

支杆法是直接对工件通电磁化的，如果支杆与工件接触不好，在接触部位会产生火花，电弧影响工件表面质量，对于抛光、电镀表面应避免使用。为保证接触部位良好导电，在电极端应配置铜网或铅垫；同时工件通电部位应清除掉影响导电的氧化皮、油脂等脏物，避免因导电面积太小而烧伤工件。此外还应注意，支杆在接触和离开工件时，都应在断电状态下进行，否则将产生电弧和火花。

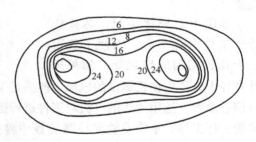

图 2-13　使用支杆法时在被检表面上的磁力线分布

二、纵向磁化

纵向磁化是使工件得到一个与其轴线平行方向的磁化，用于发现与其轴线垂直的横向（或周向）和接近横向（夹角小于 45°）的缺陷。常用的纵

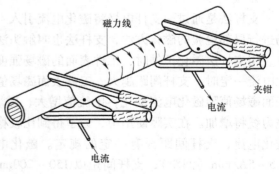

图 2-14　对小直径钢管（棒）的周向磁化

向磁化方法有线圈法、磁轭法和感应电流法等。

1. 线圈法

线圈法是将工件放在通电线圈内进行磁化，如图 2-15 所示。

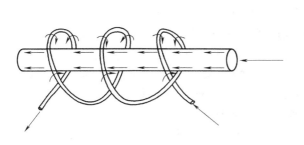

图 2-15 线圈法纵向磁化 　　　　图 2-16 线圈的磁场

磁粉检测中的磁化线圈多为有限长线圈，对于长度为 L，直径为 D，单位长度上匝数为 n 的螺线管，当通以电流 I 时，其轴线上任意点的磁场为

$$H = \frac{1}{2}nI(\cos\beta_1 - \cos\beta_2) \tag{2-15}$$

式中，β_1 和 β_2 分别为线圈轴线上任意点与线圈两端口外缘的连线与轴线的夹角。

在线圈轴线中点处，由于 $\cos\beta_2 = -\cos\beta_1$，于是

$$H = nI\cos\beta \tag{2-16}$$

或

$$H = \frac{IN}{\sqrt{L^2 + D^2}} \tag{2-17}$$

式中，β 为线圈对角线与轴线的夹角；N 为线圈的总匝数。

线圈的磁场在轴线上和线圈中间的横截面上具有单一的纵向分量；在其他位置，磁场除纵向分量外，还有径向分量，并且随着位置的不同，其纵向、径向分量都是有变化的，如图 2-16 所示。工件在线圈中进行纵向磁化时，必须对磁场分布特点的影响给予考虑。

磁场的轴向分量随离开线圈中点的轴向距离的增大而减小，在对较长工件磁化时，磁场减小到一定程度就不能满足检测要求，因此，线圈磁化时，存在一个能满足检测要求的有效磁化区，这个区域一般可延伸出线圈的两端各一个线圈半径的长度。长度超出这个区域的工件需分段磁化。

磁场的轴向分量在线圈的横截面上分布是不均匀的，线圈内壁处最大，轴线上最小，随离开轴线距离的增大而增大。为使工件能得到最大程度的磁化，可使工件贴近线圈内壁磁化。

磁场在线圈横截面上分布不均匀，在其轴线附近变化较为平缓，靠近内壁变化增大，尤其是径向分量在内壁端口处变化急剧，这种变化对工件磁化的均匀性会带来困难，当工件各个部位要求有相同的检测灵敏度，即要求磁化均匀时，工件应与线圈同轴放置。

　　由图2-16可知，在线圈端部和端部外附近，磁场的径向分量很大，对工件磁化时，这一部位的磁力线外溢较严重，有可能造成工件端部（或有效磁化区端部）磁化不足。因此，可采用快速断电的方法来补偿。磁化电流的快速切断，意味着磁化场的快速切除，这样在工件的横截面上将感生闭合的电流（即涡流），该电流产生的磁场与原磁场的轴向分量同向。只要断电速度足够快，感应电流的磁场也可以足够大，使缺陷能够被检查出来。

　　在线圈法向、纵向磁化中，磁力线不能够在工件中形成闭合磁路，而是在工件的两端产生磁极。根据磁化理论的磁荷观点，被极化的端面将出现正、负磁荷，如图2-17所示，这些磁荷将产生一个附加磁场 H'，这个附加磁场在工件内几乎都与磁化场 H_0 反向，因此，工件内总磁场 H 的大小近似于两者的叠加，即

$$H = H_0 - H' \tag{2-18}$$

　　由于 H' 的作用总是使磁化场减弱，阻碍对工件的有效磁化，因此称之为退磁场或反磁场。退磁场的大小正比于磁极化强度 J，即

$$H' = NJ \tag{2-19}$$

　　式中的比例系数 N 也称为退磁因子，它的大小与试件的形状、尺寸和试件中的位置有关，例如圆柱试件在沿轴向磁化时，则在轴线中点处退磁因子 N 可表达为

$$N = 1 - \frac{\dfrac{l}{d}}{\left[1 + \left(\dfrac{l}{d}\right)^2\right]^{\frac{1}{2}}} \tag{2-20}$$

式中，$\dfrac{l}{d}$ 是试件长度与直径之比（长径比）。

　　由式（2-20）可见，试件长径比 $\dfrac{l}{d}$ 对退磁场影响很大，$\dfrac{l}{d}$ 大则 N 小，退磁场也小，所以当 $\dfrac{l}{d} \to \infty$ 时，$H' \to 0$；$\dfrac{l}{d}$ 小则 N 大，退磁场也大，所以当 $\dfrac{l}{d} \to 0$ 时，$N \to 1$，$H' \to J$。所以长径比较小的试件磁化很困难，要使它们达到磁粉检测所要求的磁化程度，往往要取很强的磁化场才足以补偿退磁场产生的削弱作用，达到必要的磁化程度。实际检测中为了降低退磁场的作用，可以将铜工件串接起来进行磁化，这样能够像长工件一样降低退磁场的作用，改善磁化效果。在磁化试件的不同位置，其退磁因子、退磁场是有差异的；试件的外形（如球体、椭球体、

棒材、管材）不同，退磁场也不一致，所以在线圈法纵向磁化中要得到对试件的均匀磁化是困难的。

线圈法纵向磁化是一种方便、高效的磁化方法，对中、小工件的整体磁化非常适用，对轴类工件中最具有危险性的横向缺陷的检测灵敏度很高。对于大型工件或形状不规则的工件，在不能采用固定线圈进行纵向磁化时，也可以在工件上缠绕电缆，形成螺线管线圈，磁化时，也能产生沿工件轴线方向的磁化。这种方法也称为绕电缆方法，图 2-18 所示是利用绕电缆法对吊钩进行的检查。这种方法效率较低，只应用于一些数量较小的特殊工件。

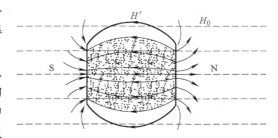

图 2-17　工件两端磁荷产生的附加磁场 H'

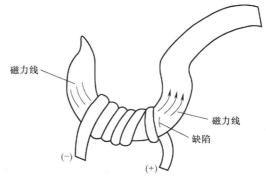

图 2-18　绕电缆纵向磁化

2. 磁轭法

磁轭法是利用电磁轭与工件形成闭合磁路，从而对工件实施纵向磁化的方法，如图 2-19 所示。图 2-19a 所示为固定式电磁轭，其中一磁极应可调，以适应工件的长度变化，这是对工件的整体磁化方法；图 2-19b 所示为便携式电磁轭，电磁轭也可以采用两极间距可调的活动式结构，通常都用于对工件局部进行磁化。

当电流通过电磁轭的激磁线圈时，铁芯磁轭两极与工件形成闭合磁路，工件中形成一个纵向磁场使工件磁化。如果工件表层存在横向缺陷，就可以形成缺陷磁痕，显示缺陷。用磁轭法磁化工件，由于磁力线在工件和轭铁中形成闭合回路，磁通损失很少，几乎不存在退磁场，磁化效果好，灵敏度高。同时电流不与工件接触，不会烧伤工件。便携式磁轭轻便小巧，不受使用场合、工件复杂程度的限制。

使用磁轭法时，应注意使工件与磁轭有良好的接触。如果接触不良，随着接触面气隙的增大，工件表面磁场强度的损失较为严重。同时还会在接触部位产生相当强的漏磁场，它会吸附磁粉，使得所在区域内缺陷磁痕无法辨认，形成盲区。盲区范围随气隙增大而增大，接触较好时，盲区约为 2～3mm；气隙为 3mm 时，盲区可达 15mm。使用固定式电磁轭时，要注意工件与轭铁接触截面面积上的匹配，相差悬殊时对工件端部的检测会带来不利影响。工件截面大于轭铁截面，工件端部磁化不充分；工件截面小于轭铁截面，接触部位漏磁严重，使工件两端检测灵敏度下降。

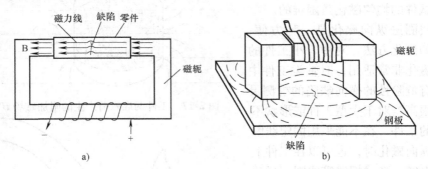

图 2-19　磁轭法

a）固定式电磁轭　b）便携式电磁轭

使用便携式电磁轭时，两极与工件接触，使工件得到局部磁化，两极间的磁力线大体上平行于两极的连线，如图 2-20 所示，磁化区为一椭圆形，两极连线为短轴。磁化区内磁场强度的分布是不均匀的，在两极连线方向，两极附近强，中心部位弱；在连线垂直方向，连线附近强，远离连线弱。当励磁电流一定，即磁路中的磁通一定时，工件表面的磁场强度随磁轭两极间距变化，间距变大，磁场减弱；间距变小，磁场增大。图 2-21 所示是磁轭两极间距与工件上磁场强度的关系。在实际应用中为保证工件上的磁场要求，磁轭间距通常要求取在 75～200mm 的范围。

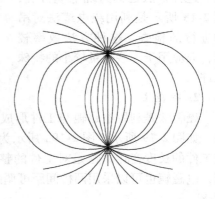

图 2-20　便携式电磁轭两极间
工件的磁场图

便携式电磁轭根据励磁电流的不同，分为直流式和交流式两种。直流电磁轭在对工件进行磁化时，磁力线分布较均匀，磁化深度大。对于横截面较大的工件，为使磁化达到检测要求，电磁轭应能提供足够的磁通。由于电磁轭的磁通受到电磁轭铁心的限制，它是铁心的饱和磁感应强度与铁心横截面面积的乘积，所以，直流电磁轭为了适用范围广一些，往往采用横截面面积较大的电磁铁。即便如此，直流电磁轭的使用仍然受到工件横截面的限制，对于板材，工件厚度超过 5mm 时，工件内的磁场强度已难以满足磁化要求，对此不宜采用直流电磁轭。交流电磁轭由于交流磁场的趋肤效应，磁通向工件表层聚集，即使是大厚度的工件，也容易得到所需的表面磁场强度。由于上述原因，直、交流电磁轭在衡量其磁场强度的指标——提升力方面有很大的差异，直流为180N，交流为45N。

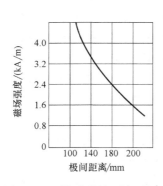

图2-21　磁轭间距与磁场强度

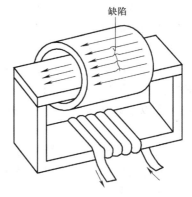

图2-22　感应电流法

在实际使用中，采用永久磁铁作为磁轭对工件磁化也能进行磁粉检测。它的好处是可以免去磁化电源装置，这对于一些无电源的现场作业很方便。但一般而言，永久磁铁的磁化能力很有限，比电磁铁低，难以提供足够的磁场强度，且磁场强度不能根据使用需要进行调节，所以应用很少，只是在一些特殊场合下作为弥补手段加以应用。

3. 感应电流法

感应电流法是在环形工件孔内插入铁芯，通过铁心中磁通的变化，在工件内产生周向感应电流，利用该电流产生的纵向闭合磁力线来检查工件缺陷，如图2-22所示。这种模式的电磁耦合相当于一个变压器，铁心是初级，工件是次级。工件中的磁场强度与感应电流有关，感应电流与磁通的变化率成正比。铁心的磁通量变化大，感应电流大，工件表面磁场强度大。此外工件表面磁场强度还与工件内径有关，内径越大，工件与铁心的耦合效率越低，磁场强度越低。

励磁电流一般采用交流电，要使工件表面产生足够的磁场，电流的大小、铁心截面积是决定磁场强度大小的两个最主要的因素，以电流的调节控制磁场的强弱。励磁电流也可以采用直流，但必须与快速断电法配合使用。在磁化电流被快速切断的瞬间，铁心中的磁通骤减，会在工件中感应出强大的单脉冲电流，同样可以在试件中产生足够的磁场。由于这种感应的电流脉冲时间极短，它只能适用于剩磁法。

三、复合磁化

周向磁化易于检测纵向缺陷，纵向磁化易于检测横（周）向缺陷，对垂直于磁化场的缺陷有很好的检测效果。对于那些不垂直于磁力线的缺陷，检测效果会受到影响，分析时通常将磁化场分解为垂直、平行于缺陷方向的两个分量，对缺陷磁痕显示有贡献的仅仅是垂直分量。缺陷和磁场方向的夹角是垂直分量的最大影响因素。裂纹和磁化方向至少大于30°时，它们才能被检测出来，为了保证检测的可靠性和检测其他种类的缺陷，一般认为，缺陷和磁化方向的夹角应大于45°。由此可见，采用单方向的一次磁化，不可能把所有方向的缺陷都检测出来，而实际工件的缺陷取向可能是很不规则的，如要检出所有取向的缺陷，单向磁化至少得进行二次不同方向上的磁化才能解决问题。复合磁化能同时对工件施加两个（或两个以上）不同方向上的磁化，因此，一次磁化可以检出所有方向上的缺陷。

复合磁化由于有多个磁场同时对工件进行多方向的磁化，也称多向磁化。磁化时，对工件的作用已不是单向磁场的作用，这时的磁场应是各磁场的矢量和，如果有时变场参与，其合成场的方向、幅值都可能随时间而变，复合磁化与单向磁化相比，有高效的优势，只需磁化一次就可检测所有方向的缺陷，同时价格低廉，劳动强度小，灵敏度高，它可以检出很小的缺陷，但这种方法只适用于连续法。另外，在复合磁化中各磁场的强度、相位对合成磁场强度、方向的影响等技术问题需要实验验证。

复合磁化形式多样，需根据工件的形状和检测要求而定，这里介绍几种常见的两个磁场复合的磁化方式。

1. 纵向直流磁化与周向交流复合磁化

工件在用直流磁轭纵向磁化的同时通以交流电进行周向磁化，如图2-23所示。纵向磁场由直流电产生，它的大小保持不变；而周向的交流磁场随时间作正弦变化，两磁场方向相互垂直，其合成磁场是一随时间变化的磁场，构成一扇形摆动磁化场，如图2-24所示。摆动角度的大小取决于两磁场幅值之比，交流场与直流场幅值比值越大，摆

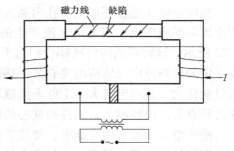

图2-23 纵向直流与周向交流复合磁化法

角越大，当幅值比值为1时，其摆角为90°，这时理论上可以检出所有方向的缺陷。由于合成磁场的大小随时间而变化，故对于不同方向缺陷的检测灵敏度也是有差异的。

如果将两个磁场交换，即纵向交流磁化，周向直流磁化，同样也可以得到一个随时间摆动的复合磁场。

2. 交叉磁轭复合磁化

当两个电磁轭垂直交叉放置在被检工件上，并各自通以幅值、频率相同，相

位相差$\frac{\pi}{2}$的交流电时（见图 2-25），将会在磁轭极间中心处的工件表层产生图 2-26所示的旋转磁场。

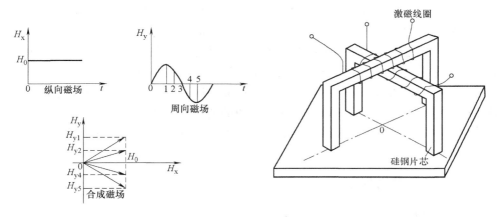

图 2-24　摆动磁场的形成

图 2-25　垂直交叉磁轭

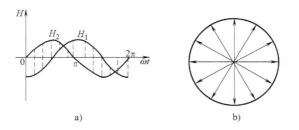

图 2-26　旋转磁场形成原理
a）两向磁场变化曲线　b）合成磁场的终端轨迹

◇◇◇ 第三节　磁化规范

由磁粉检测原理可知，磁粉检测的灵敏度依赖于缺陷漏磁场，而缺陷漏磁场的重要影响因素之一是工件的磁感应强度，要使缺陷有明确的显示，必须保证必要的磁感应强度，也就是当试件确定后，保证必要的磁化场强度。通常，把工件在磁化时选择磁化电流应遵循的规则称为磁化规范。

在制定一个工件的磁化规范时，需要对工件、检测要求和磁化方法、设备等作全面的综合考虑。首先根据工件材料的特性、热处理状态确定选用连续法还是剩磁法，然后根据工件的形状、尺寸、表面状况及缺陷可能存在的位置、方向、大小按检测要求确定磁化方法、磁化电流的种类和大小。磁化规范选择得妥当与否，应进行实验验证，如测定工件表面切向磁场值或采用灵敏度试片等。

目前，世界各工业先进国家的各工业部门根据各自产品的特点、检测条件等对磁粉检测磁化规范的选择都以标准形式给予了原则性的指导，这对磁粉检测技术的通用性和磁粉检测的质量控制显然是很有益的，标准中的磁化规范是从大量的实际应用、实际研究中提炼出来的，都是行之有效的。但也必须指出，由于确定磁化规范的方法和依据不一致，针对的产品不同，所以，各标准的规范选择就难免存在差异了。各标准给出的磁化规范值的范围都很宽，这为使用者根据不同工件材料、形状、尺寸、缺陷种类、位置、大小等按检测要求作决策提供了较大的选择余地。

一、周向磁化规范

1. 直接通电法

轴类工件直接通电法依据工件的直径选取磁化电流。

连续法：$\qquad I = (12 \sim 32)D$ $\qquad$ (2-21)

剩磁法：$\qquad I = (25 \sim 45)D$ $\qquad$ (2-22)

式中　I——磁化电流（A）；

$\qquad D$——工件直径（mm），对于非圆柱工件 $D = \dfrac{周长}{\pi}$。

在连续法中，对一般高磁导率材料（$\mu > 200$）的开口缺陷，磁化电流限于 $(12 \sim 20)D$；用于检测夹杂类非开口缺陷或低磁导率材料的缺陷时采用 $(20 \sim 32)D$，甚至可以突破此限，高达 $40D$。

当工件直径有大于 30% 的变化时，应分段选用磁化规范，磁化时按先小后大的顺序进行。

2. 中心导体法

中心导体法分为同心放置和偏心放置两种。同心放置时，工件和中心导体的中心接近于重合，这时的磁化电流仍按式（2-21）、式（2-22）选取。偏心放置时工件和导体有较大的偏心距，如图 2-27 所示，中心导体贴近内壁。其磁化电流在按式（2-21）、

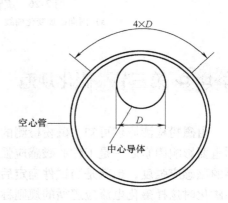

图 2-27　偏置中心导体法

式（2-22）给出时，注意工件的直径 D 应为中心导体的直径与工件的 2 倍壁厚之和。并且这是一种沿周向分段磁化的方法，每次有效磁化长度是中心导体的 4 倍，检测时应绕中心导体转动工件，分段检查全部周长，每次应有约 10% 的有效磁场重叠区，以免漏检。

3. 支杆法

用支杆法磁化时，其磁化场强度随支杆的间距和工件的厚度而变化，当支杆间距 L 为 150~200mm，工件壁厚分为两挡时，其磁化规范（连续法）按表 2-1 计算。

表 2-1 支杆法磁化规范

板厚 T/mm	磁化电流 I/A	板厚 T/mm	磁化电流 I/A
$T < 19$	$I = (3.5 \sim 4.5)L$	$T \geqslant 19$	$I = (4.0 \sim 5.0)L$

二、纵向磁化规范

当工件在线圈内进行纵向磁化时，端面形成磁极，工件内产生退磁场，从而减弱工件内的磁场，使有效磁场强度小于磁化场。退磁场的大小取决于工件长度与直径的比值 L/D，所以，在线圈法纵向磁化中，所有的磁化规范都与 L/D 有关。L/D 越小，退磁场越大，这时所需的磁化电流也越大。当 $L/D \leqslant 2$ 时，退磁场太大，应设法降低退磁场，这时可将多个被检工件串接起来一起磁化，或者在工件两端加接与被检工件材料相近的磁极块，可以改善 L/D 值，降低磁化电流。L/D 增大时，退磁场将下降，当 L/D 增大到一定程度时，L/D 的变化对退磁场的影响将很微弱，故规范中 $L/D > 15$ 时，其数值统一按 15 计算。

磁化长工件时，要注意线圈的有效磁化区，一般说来，在线圈两端面各沿轴向外延一个线圈半径（或 200mm）的距离范围内为有效磁化区，工件超过 450mm 长度时应分段磁化。

线圈纵向磁化按线圈横截面积与工件横截面积的比率 γ 分为三种不同的充填状态。

$$\gamma = \frac{\text{线圈横截面积}}{\text{工件横截面积}} \tag{2-23}$$

1）低充填 $\gamma \geqslant 10$，即工件横截面积占线圈横截面积的 10% 以下。

2）高充填 $\gamma < 2$，即工件横截面积占线圈横截面积的 50% 以上。

3）中充填 $2 \leqslant \gamma < 10$，介于高、低充填之间。

1. 低充填（$\gamma \geqslant 10$）线圈纵向磁化连续法规范

1）当工件紧贴线圈内壁放置时，线圈的安匝数（IN）为

$$IN = \frac{45000}{L/D} \quad (\pm 10\%) \tag{2-24}$$

式中　L/D——工件的长径比。

2）工件与线圈同心放置时，其安匝数为

$$IN = \frac{1690R}{\left(\dfrac{6L}{D}\right) - 5} \quad (\pm 10\%) \tag{2-25}$$

式中　R——线圈的半径（mm）。

2. 高充填或电缆缠绕线圈（$\gamma < 2$）时的连续法磁化规范

$$IN = \frac{35000}{\left(\dfrac{L}{D}\right) + 2} \quad (\pm 10\%) \tag{2-26}$$

3. 中充填（$2 \leqslant \gamma < 10$）时的连续法磁化规范

$$IN = (IN)_h \frac{10 - \gamma}{8} + (IN)_e \frac{\gamma - 2}{8} \tag{2-27}$$

式中，$(IN)_h$、$(IN)_e$ 分别是按式（2-25）和式（2-26）计算出来的高充填、低充填时的安匝数。

4. 剩磁法线圈纵向磁化规范

进行剩磁法检测时，考虑 L/D 的因素，空载线圈中心磁场强度分别如下：

1）$L/D > 10$ 时，空载线圈中心磁场强度 ≥ 12kA/m

2）L/D 为 5～10（含10）时：空载线圈中心磁场强度 ≥ 16kA/m

3）L/D 为 2～5（含5）时：空载线圈中心磁场强度 ≥ 24kA/m

4）圆盘类工件时：空载线圈中心磁场强度 ≥ 36kA/m

三、磁化规范的选择方法

为使磁化规范的选择更科学、合理，并使用方便，各国科学工作者通过大量的试验研究、生产检验，提出了多种确立磁化规范的方法。这些方法对于磁粉检测的成功应用具有重要意义，同时也为今后的发展奠定了基础。

1. 经验数值法

这是一种由大量实践提炼、证明得出的确立磁化规范的方法，其中包含了工件表面磁场值和工件内磁感应强度值两种经验数值。

（1）工件表面磁场值　这种方法认为只要工件表面的磁化强度到达一定的数值，就可以满足检测条件要求，达到检测目的。表 2-2 中列出了不同检测状态下的表面磁场值。根据检测要求的不同，例如需要检出缺陷的种类、大小、位置的不同，规范分为标准规范和严格规范，后者在检测能力上优于前者。

在周向磁化中，磁化电流 I 可直接由工件的直径来确定。由于长直导体圆柱表面的磁场 H（A/m）、通过的电流 I（A）和工件直径 D（mm）有如下关系

$$H = \frac{I}{\pi D}$$

表2-2 工件表面磁场值

	标准规范	严格规范
连续法	2.4kA/m（30Oe）	4.8kA/m（60Oe）
剩磁法	8.0kA/m（100Oe）	14.4kA/m（180Oe）

于是可得 $I = H\pi D$ (2-28)

就可以得到表2-3中的磁化电流 I 与工件直径 D 之间的简单换算关系。

表2-3 磁化电流与工件直径

	标准规范	严格规范
连续法	$I = 8D$	$I = 15D$
剩磁法	$I = 25D$	$I = 45D$

对于非圆外形的工件，直径 D 以周长/π 来求取。

由于这种方法简捷方便，实用性强，对于常用材料检测效果良好，因此深受使用者的欢迎，获得了广泛的应用。目前，一些标准规定在使用特斯拉计校验所选择的磁化规范是否合理时，要求被检表面的任何部位所测得的（连续法）切向磁场值应在 2.4~4.8kA/m（即 30~60Oe）范围内，采用的正是磁场经验值。但这里需要指出，由于这种方法忽视了材料的磁特性，无论什么品种的材料，不管材料的磁特性优劣，只要外形尺寸相同，就采用同一规范，这在磁粉检测中会造成检测灵敏度上的不一致，对于一些导磁性能差，难以磁化的特殊钢种工件，甚至会造成不能产生足够的漏磁场而漏检。随着现代工业的钢材品种越来越多，其磁性的差异也越来越大，当以相同的磁化规范对相同尺寸的工件进行磁化时，工件内的磁场感应强度有可能会相差 1~2 个数量级，由此可见，工件表面磁场经验数值法的使用会受到一定的限制。

（2）工件内的磁感应强度 工件内的磁感应强度是使工件表层缺陷建立足够漏磁场的必要条件。用于确定磁化规范的磁感应强度的经验数据有两个：一个是工件内磁感应强度要求达到 0.8T，达到这个数值，就可以满足检测灵敏度，发现各种微小缺陷；与此对应，剩磁法的必要条件是工件内必须能保持 0.8T 的剩余磁感应强度。另一个经验数据是必须使工件内磁感应强度达到饱和磁感应强度的80%，只要满足了这个条件就可以保证检测灵敏度。

要保证工件中的磁感应强度达到 0.8T，那么磁化电流应该为多大呢？很显然，对于不同的钢材其值是不同的，要分别根据各自的磁化曲线来确定。图2-28所示是几种常用钢的磁化曲线，根据曲线与 0.8T 线的交点，可以得出各自对应的所需的外加磁场值的大小。从图中可以看出，高磁导率的材料在1.6kA/m时就可满足0.8T的要求，而低磁导率材料要到4.8kA/m甚至更高。所以这种方法认为，常用材料连续法检测时外加磁场大致在1.6～4.8kA/m的范围；剩磁法对应范围大致为6.4～9.6kA/m。

采用饱和磁感应强度的80%的磁化方法，也是要根据磁化曲线，得出饱和值B_s的80%所对应的外加磁场值作为磁化规范。

应该说，采用工件内磁感应强度来确定磁化规范比较科学、合理，只要知道磁化曲线，可以使不同材料或是不同热处理状态下的工件得到灵敏度相同的检测，可以精确计算适合工件的磁化规范，这是确定磁化规范的一个好方法。但必须指出，由于钢材品种很多，要测绘各种钢种和它们在不同热处理状态下的磁化曲线，在目前还不现实，所以在使用中有很大的局限性。

2. 标准试片法

磁粉检测中的标准试片法，可以用来确定磁化规范，是一种直观、快速、能客观反映磁化场的方法。确定磁化规范的常用试片为A型试片，在使用A型试片有困难时可用C型试片代替A型试片，这在国内外有关标准中给予了规定。

标准试片法主要用于检测形状较为复杂的工件。其磁场值难以准确计算，有时甚至用特斯拉计也无法测量，借助标准试件，可以指示这些关键区域内的磁场强度和方向，建立磁化规范。由于标准试片法能解决一些疑难问题，因此得到了较为广泛的应用。

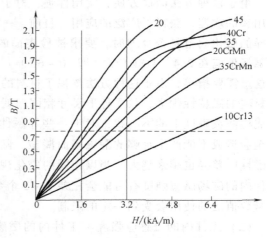

图2-28　磁化曲线与磁化规范

3. 磁特性曲线法

工件中如不存在缺陷，则磁通平行于工件表面，一旦出现缺陷，则本该平行于表面流动的缺陷区域的这部分磁通就产生了畸变，它们分三路通过缺陷部位：一路绕道缺陷底部仍从工件材料中通过；另一路仍然从缺陷处穿过；第三路是从缺陷的一侧穿出工件，从缺陷的上方跃过，然后从另一侧进入工件。第三路是缺陷漏磁，在磁粉检测中它越大越好。这三路磁通的定量分配关系，与它们各自路径的磁阻有关。设它们的磁阻分别为R_{m1}、R_{m2}和R_{m3}，这样，就成了三磁阻并联的等效磁路，如图2-29所示。显而易见，要使漏磁大，R_{m3}应该小，R_{m1}、R_{m2}应该大，但实际上R_{m3}、R_{m2}随着磁化强度的变化，由于要穿过磁导率很小的路径，它们几乎不可能有变化，只能期望 R_{m1} 能变大。磁阻 R_{m1} 是绕道缺陷底部工件材料路径中的磁阻，可表达为

$$R_{m1} = \frac{l}{\mu S}$$

式中　l——磁路的长度；

　　　　S——磁路的截面积；

　　　　μ——工件材料的磁导率。

由于工件的磁导率是随磁化场而变化的，在磁化场由小变大的过程中，它先增大，达到最大值 μ_m 后，随着材料逐步趋向磁饱和而逐步下降趋向于真空磁导率。当 μ 增大时，很显然 R_{m1} 是下降的，在 μ_m 处，R_{m1} 有最小值，这时对漏磁的增加明显不利。当 μ 越过 μ_m 开始下降时，随着 μ 的下降，R_{m1} 增大，这对缺陷漏磁的增大很有利。由此可见，为了增大缺陷的漏磁场，有利于发现缺陷，磁化场的场强应选择大于工件材料 μ_m 所对应的磁场值 $H_{\mu m}$。

为此，建议按图 2-30 所示的 B-H 曲线和 μ-H 曲线确定磁化规范。将磁化曲线分为五个区域：Ⅰ 为初试磁化区，Ⅱ 为激烈磁化区，Ⅲ 为近饱和区，Ⅳ 为基本饱和区，Ⅴ 为饱和区，然后按表 2-4 选取对应的磁化规范。这样，可以保证检测灵敏度的通用性，同时对检测要求不同的工件可以采用不同的磁化规范，达到各自的检测灵敏度要求。以材料的磁导率曲线作为磁化规范的选择依据，将 μ_m 以后的曲线划分为几个区域，分别对应于不同的检测灵敏度，上述构想应该说也是理想的，如能实现，则有利于磁粉检测的质量控制。

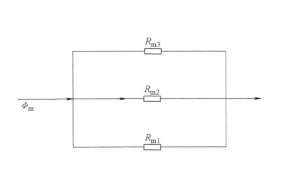

图 2-29　等效磁路　　　　　　图 2-30　磁特性曲线与规范选择

表 2-4　磁化规范区域选择

	标准规范	严格规范
连续法	激烈磁化区（Ⅱ）	近饱和区（Ⅲ）
剩磁法	基本饱和区（Ⅳ）	饱和区（Ⅴ）

综上所述，确定磁化规范的方法根据选择依据的不同可以有多种，这些方法各有特点，使用时往往可以互相参照比较，进行全面的考虑，以便选取最为适合的磁化规范。

复习思考题

1. 什么是磁化电流？最常用的磁化电流有哪几种？各有什么特点？
2. 交流电有哪些主要特点？对磁粉检测有哪些优点和局限性？
3. 磁粉检测中如何选择交流电、单相半波电流和三相全波电流作磁化电流？
4. 为什么要选择最佳磁化方向？选择工件磁化方法应考虑的主要因素有哪些？
5. 磁化方法有哪些种类？常用的主要磁化方法有哪些？
6. 通电法和中心导体法的优缺点是什么？
7. 线圈法和磁轭法的优缺点是什么？
8. 线圈法磁化时要注意哪些问题？
9. 通电法或中心导体法计算磁化电流的基本公式是什么？
10. 磁粉检测中，确定磁化磁场大小有哪几种主要方法？

第 三 章

磁粉检测设备

 培训学习目标

1. 了解磁粉检测设备的命名方法和设备的分类和特点。
2. 熟悉磁粉检测辅助器材。
3. 掌握磁粉检测标准试片（块）的用途。
4. 掌握磁粉和磁悬液的配置及检测要求。

◆◆◆ 第一节 设备的命名方法

磁粉检测设备又称磁粉探伤机，一般的命名方法如下：

C × × - ×
1 2 3 4

第1部分——C，代表磁粉探伤机；

第2部分——字母，代表磁粉探伤机的电流类型；

第3部分——字母，代表磁粉探伤机的结构形式；

第4部分——数值或字母，代表磁粉探伤机的最大周向磁化电流或探头形式。

常用磁粉探伤机命名的参数意义见表3-1。

表3-1 磁粉探伤机命名的参数

第1部分	第2部分	第3部分	第4部分	含 义
C				磁粉探伤机
	J			交流
	D			多功能

（续）

第1部分	第2部分	第3部分	第4部分	含　义
	E			交直流
	Z			直流
	X			旋转磁场
	B			半波脉冲直流
	Q			全波脉冲直流
		X		携带式
		D		移动式
		W		固定式
		E		磁轭式
		G		荧光磁粉探伤
		Q		超低频退磁
			如1000	最大周向磁化电流为1000A

如 CJW-4000 型，为交流固定式磁粉探伤机，最大周向磁化电流为 4000A；CZQ-6000 型，为直流超低频退磁磁粉探伤机，最大周向磁化电流为 6000A；CEE-1 型，为交直流磁轭式磁粉探伤仪，探头形式为第 1 类。

◈◈◈ 第二节　设备的分类和特点

磁粉探伤机通常按其使用方法分为固定式、移动式和便携式三类。

一、固定式磁粉探伤机

固定式磁粉探伤机也称为卧式磁粉探伤机，这类设备固定在某个场合使用，其整机尺寸和重量都比较大。表 3-2 列举了部分国产固定式磁粉探伤机的主要技术参数和外形尺寸。由表可以看出，这类设备的整机尺寸、重量以及最大输出功率都随额定磁化电流的增大而增大。所用的磁化电流在额定值范围内可任意调节。这类设备主要由低压大电流的磁化电源，夹持工件实施周向磁化的装夹装置，用于纵向磁化（可含退磁）的可移动线圈和用于储存、搅拌、喷洒磁悬液的喷洒系统，以及控制电路、指示仪表等组成，可对工件进行周向磁化、纵向磁化，有的能进行周向、纵向复合磁化，磁化后可进行退磁，检测功能较为齐备。

表3-2　部分国产固定式磁粉探伤机的主要技术参数和外形尺寸

型　号	TC-2000	TC-2000A	TC-4000	TC-9000	TC-10000
最大输出功率/kAV	13	13	32	171	280
周向磁化电流/A	0~2000	0~2000	0~4000	0~9000	0~10000
纵向磁化电流/A	20000	19800	28800	12000	28000
夹头间距/mm	80~100	0~1000	0~1500	300~2650	800~4000
夹头中心高/mm	174	205	220	250	430
外形尺寸	1970mm×900mm ×1215mm	1970mm×750mm ×1250mm	2315mm×950mm ×1365mm	3720mm×880mm ×1600mm	—
整机重量/kg	470	700	1000	1200	3000

这类设备能检测的最大截面受最大磁化电流和夹头中心高的限制，夹头间距可以调节，以适应不同长度工件的夹紧和检查，能检测的工件长度受最大夹头间距的限制。

固定式磁粉探伤机根据其使用范围又可分为通用型和专用型，通用型使用范围广，专用型仅适用于批量大的一个或几个形状特殊的工件，专用型常常设计成两个或两个以上磁场同时磁化工件的复合磁化（多向磁化）形式，以提高效率，降低检测成本。

二、移动式磁粉探伤机

在大量的应用中，常会出现被检工件不能搬运送检的情况，为此，一种可移动的、并能提供较大磁化电流的检测装置——移动式磁粉探伤机可适用于这种情况。这种设备可借助小车等运输工具在工作场地自由移动，体积、重量都远小于固定式设备，有良好的机动性和适应性。受体积、重量的限制，这类设备能提供的磁化电流要比固定式小，常用的一般为3~6kA，表3-3列举了国产移动式磁粉探伤机的性能参数和外形尺寸，有文献指出，国外有利用电容器放电、磁化电流高达16kA的移动式设备。

表3-3　国产移动式磁粉探伤机的性能参数

型　号		CYD-3000	CYD-5000
交流磁化电流/A	峰值	0~3000	0~5000
	有效值	0~2100	0~3500
半波直流磁化电流/A		0~2000	0~4000
自动退磁电流	峰值	0~3000	0~5000
	有效值	0~2100	0~3500
外形尺寸		300mm×500mm×400mm	350mm×650mm×500mm
重量/kg		50	115

移动式磁粉探伤机通常都配有一对与电缆连接的支杆，可对工件实施局部磁化，也可以采用绕电缆法对工件进行磁化。移动式磁粉探伤机的磁化电流种类，通常限于交流和半波直流。移动式磁粉探伤机的电缆长度可根据需要选取，但过长会导致磁化电流下降，一般长度在 5~10m 范围内，应能提供其额定值电流。

三、便携式磁粉探伤机

便携式磁粉探伤机体积小，重量轻，也称为手提式磁粉探伤仪。这种设备的机动性、适应性最强，可用于各种现场作业，如锅炉、压力容器的内、外探伤，飞机的现场维护检查，立体管道的检查，乃至高空、水下作业。

便携式磁粉探伤机类型较多，主要有以下三种：

1. 支杆型

磁化电源通过电缆与支杆相连，可采用局部磁化和绕电缆法磁化，功用与移动式基本相同，只是仪器更为轻便，受体积限制，磁化电流较移动式小，限于 1~2kA ，常用于几百安电流的范围。表3-4 列举了几种国产支杆型便携式磁粉探伤机的性能参数。

表3-4　国产支杆型便携式磁粉探伤机的技术参数

型号	CY-500	CY-1000	CY-2000
磁化电流/A	0~500	0~1000	0~2000
外形尺寸	150mm×270mm×200mm	180mm×320mm×240mm	240mm×400mm×300mm
重量/kg	6.5	15	23

2. 电磁轭型

便携式电磁轭也称马蹄型电磁轭，是将线圈缠绕在 U 形铁芯上，使用时磁轭置于工件上并给线圈通电，对工件实施局部磁化，要检测工件上不同方向的缺陷时可在同一位置实施两次互相垂直的交叉换位磁化、检查。磁轭两极的间距都是可调的，可以适应不同工件被检面的宽度。磁轭一般采用迭层钢片制成，磁极带活动关节。

电磁轭有直流、交流电励磁两种。电磁轭性能指标，可以用磁轭的磁势（即线圈的安匝数）表示，也可以用磁轭极间工件表面的磁场值表示，但通常都是以磁轭的提升力表示，国标规定，极间距为 75~150mm 时，直流磁化提升力应大于 177N，交流磁化提升力应大于 44N。磁轭检验的有效范围在磁极连线两侧各为磁极间距的 1/4，磁轭每次移动的覆盖区应不小于 25mm。国产的电磁轭有不同的系列产品（CEY 和 CJE 系列等），结构简单，重量只有几公斤，工作性能可靠。如 CYL-1 型电磁轭，交直流两用，重量约为 2kg，极间距可调范围为 50~200mm，工作电压交流为 36V，直流为 20V。设备采用晶闸管调压，交流提升力为 0 ~ 12kg，直流提升力为 0 ~ 48kg。

电磁轭设备小巧轻便，不会烧损工件，对工件表面没有通电法那样的要求，因此获得了广泛的应用，如锅炉、压力容器焊缝的检测。在检测条件苛刻的环境中的检验更能体现它的优越性。采用交流电磁轭，在水下成功地对带有漆层的船舶焊缝进行检测，能检出长 13mm、宽 0.025mm、深 0.75mm 的裂纹。

3. 交叉磁轭型

交叉磁轭型是对交叉磁轭的两组绕组分别通以幅值相同、相位差为 π/2 的工频交流电，在磁轭中心处的工件上会产生一个大小不变，方向随时间不断变化的圆形旋转磁场，可参见第二章第二节的复合磁化，可对工件实施复合磁化，发现各个方向上的缺陷。为方便连续检测，四个磁极上装有小滚轮，可在工件上方便地滚动。这种仪器特别适用于大型钢结构件的平面检查，平板焊缝的检查，如压力容器焊缝、船舶焊缝等。被检查过的表面随着磁轭的继续推进，有自动退磁的效果。

交叉磁轭仪的主要技术指标包括：激励磁动势不低于1300AT×2；四个磁极端面与被检面之间的间隙不超过 1.5mm；跨越宽度不大于100mm；用于连续行走探伤时速度要力求均匀，一般不大于 5mm/s。

上述三类磁粉探伤设备都是随各种工件的不同检测要求而发展起来的，检测设备的进步才能带来成功的应用。磁粉检测作为一项最常用的无损检测技术，在现代工业的应用中有一定的广度和深度，其检测设备的不断发展和进步是最重要的原因之一。

作为检测设备的核心，磁化装置要为工件提供低电压、可以控制的大的磁化电流，在它的电流控制上经历了较大的变化。早期的磁化装置采用变压器分级抽头的方式实现对磁化电流的控制，有限个抽头决定了仪器电流的级别，通常用手动控制。感应式电压调节方式可以实现无触点调节，连续地改变电流大小。它利用电压调节器（自耦变压器）调节供给主变压器的电压，来调节主变压器次级的磁化电流，可以手动或由马达带动。20 世纪 80 年代以来，上述调节方法已逐步由可控硅调节所代替，通过改变可控硅导通角控制提供给主变压器的初级电流，使变压器输出的电流可以在最大磁化电流范围内调节，可以提供细微的改变。由于晶闸管导通角的控制是电信号的控制，较其他控制方式更为方便，同时，它也为磁粉检测的自动化技术提供了方便。20 世纪 80 年代后期以来，卧式磁粉检测设备的微机控制，采用多向复合磁化的自动检测技术是设备发展的一个主要方向。这对于一些批量大、检测要求高和形状复杂的工件具有重要的意义。磁粉检测自动化，必须具备以下功能：试件的自动装卸和定位；自动磁化；与磁化周期对应，自动定时施加磁悬液；对磁痕的自动检测和标记；对工件自动退磁；对显示的自动解释和分选。其中自动磁化由计算机控制磁场方向、励磁电流的种类和大小、磁化持续时间等。具备上述所有功能的检测装置为全自动装置。如果磁痕的检测和判断仍由检验人员执行，具备上述其他各项功能的称为半自动系统。这类自动化装置已有成功应用的实例，图 3-1 所示是一台自动检测的激光扫描器，用于检测和识别缺陷磁痕。

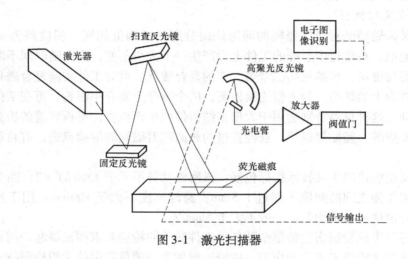

图 3-1　激光扫描器

◈◈◈ 第三节　磁粉检测辅助器材

一、光源

磁粉检测观察照明装置有可见光光源和紫外线光源。

1. 可见光光源

照明在磁粉检测中很重要，照明不当，会影响检测灵敏度，还会引起检测人员的视力疲劳。用于普通磁粉检测的可见光源可以是自然光、白炽灯、荧光灯，只要满足照度即可。国内多个标准要求白光照度不低于 1000lx。对于较大的缺陷，700 ~ 1000lx 已经足够，对于非常小的缺陷，应达到 1500lx，但照度过高，会加剧视力疲劳。

2. 紫外线光源

紫外线光源用于荧光磁粉检验。紫外光灯也称黑光灯，主要由两个主电极，一个辅助起动电极，贮有水银的内管及外管组成，如图 3-2 所示。当电源接通后，由起动电极产生辉光放电，使汞蒸发、电离，并在两主电极之间产生电弧。弧光发出的紫外线其波谱主峰在 365nm（3650Å）左右，是激发荧光磁粉发光所需要的波长。伴随紫外线产生的可见光和红外线等是检测中不需要的，可由紫外光灯的滤色玻璃罩壳滤去。

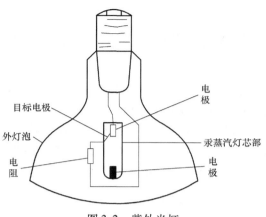

图 3-2　紫外光灯

磁粉探伤用的紫外光灯的使用寿命与点燃次数密切相关，每点燃一次约缩短寿命半小时，在使用中尽可能少动用开关。并且断电后切忌热启动，必须冷却至少 5~6min 后再重新启动。紫外光灯随使用时间的增长其发光强度会逐渐降低，应采用紫外辐照计定期测其辐射能量。磁粉检测中要求在距离光源 380mm 处的辐射能量一般不低于 $1000\mu W/cm^2$。另外，荧光磁粉检测应在黑暗场所进行，可见光应低于 20lx。

二、磁场测量仪表

1. 特斯拉计

特斯拉计也称高斯计，它是磁粉检测中经常使用的磁场测量仪器。例如，可用于测量被检工件表面的切向磁场强度、漏磁场强度、工件剩磁等。特斯拉计是依据某些半导体材料的霍耳效应原理工作的，有直流和交、直流两用两种，分别用于直流、交流磁场的测量。使用时，当霍耳元件面垂直于磁场时，仪器表头有最大的输出。测量工件表面磁场时，应使探头尽可能接近测试表面，但霍耳片不能承受任何外力，否则很容易损坏。

国产的特斯拉计有 CT3、CT5 等几种，可用于测试交流、直流磁场。

2. 袖珍式磁强计

袖珍式磁强计常用于测量工件的剩磁和检验工件的退磁效果，它是利用力矩原理做成的简易测磁仪。它内部有两个永久磁铁，一个是固定调零用，另一个用作测量指示。测量时，动片受磁力的作用发生偏转，偏转的程度与磁场大小有关。磁强计在测量均匀磁场时，动片偏转的标称值单位为高斯，测量非均匀磁场时，偏转格数只表示磁场的强弱程度，而不代表具体的磁场值。

袖珍式磁强计体积小，很轻便，不需要外接电源。通常使用的国产 XCJ型磁强计有三种规格：XCJ-A、XCJ-B、XCJ-C，其测量值分别为 ±1.0mT、±2.0mT 和 ±5.0mT（即 ±10Gs、±20Gs、±50Gs）。

◈◈◈ 第四节　标准试片（块）

标准试片（块）是磁粉检测必备的测试工具，它可以用来检查和评定设备的性能、磁粉和磁悬液的性能、磁化方法和磁化规范选择得是否得当、操作方法是否正确等；也可用来检查和评定磁粉检测的综合灵敏度，必要时可以测试工件表面的磁场分布，确定磁化规范。磁粉检测的标准试片（块）品种繁多，用途各异，这里选择常用的加以介绍。

一、A 型标准试片

A 型标准试片形状和尺寸如图 3-3a 所示，在试片中央有圆形和十字型人工刻槽，其型号、相对槽深、灵敏度和材料见表 3-5。

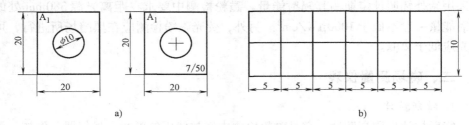

a)　　　　　　　　　　　　　　b)

图 3-3　A、C 型标准试片

a）A 型标准试片　b）C 型标准试片

表 3-5　A 型标准试片

型号	相对槽深/μm	灵敏度	材　　料
A-15/100	(15/100) ±4	高	低碳纯铁 $w(C) < 0.03\%$，$H_C < 80A/m$（经退火处理）
A-30/100	(30/100) ±8	中	
A-60/100	(60/100) ±15	低	

型号中的分子数值表示人工槽深度，分母数值为试片厚度。试片分高、中、低三种灵敏度，其型号中分子越小，则要求能显示磁痕的有效磁场强度越高，使用时，应根据检测要求选取相应的灵敏度试片。但此灵敏度不代表实际能检出缺陷的大小。

使用 A 型标准试片时，应将没有人工槽的一面向外紧贴在被检工件面上，用胶纸粘实，注意胶纸不可覆盖人工槽部位。试验采用连续法，工件磁化时，其表面磁场会将试片磁化，人工槽处会形成漏磁场，形成磁痕。根据磁痕的有无和是否清晰判断磁化电流是否合适；根据磁痕的方向判断磁场方向。

二、C 型标准试片

C 型标准试片的材料与 A 型标准试片相同，其形状和几何尺寸如图 3-3b 所示，其厚度为 50μm，人工槽深度为 8μm±1μm，C 型标准试片用于如焊坡口等狭窄的被检部位，即因尺寸关系使用 A 型标准试片不便时，可用 C 型标准试片代替。使用时 C 型标准试片沿分割线切成 5mm×10mm 的小片，将有人工槽一面紧贴在工件被检面上。其功用和使用方法与 A 型标准试片相同。

三、B 型标准试件

B 型标准试件采用电磁软铁或与试件相同的材料制成，其几何尺寸如图 3-4 所示。

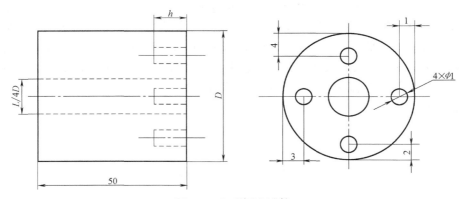

图 3-4　B 型标准试件

使用 B 型标准试件时可采用穿棒连续法，在试件圆柱面上喷洒磁悬液，根据人工孔的磁痕显示情况检查和评价探伤装置、磁粉和磁悬液的综合性能。使用时要避免中心导体和 B 型试件的偏心，因为偏心会产生试件表面磁场不均，给检验结果带来误差。

1. 直流标准环行试块

直流标准环形试块用铬钨锰工具钢制成，其形状和尺寸如图 3-5 所示，硬度为 90～95HRB。

试块端面钻有 12 个人工通孔，其直径为 φ1.778mm，第一个孔距外圆表面 1.778mm，从第二个孔起，每个孔距外圆表面的距离依次递加（即比前一个孔增加）1.778mm。使用时采用中心导体法，直流电磁化，用连续法检查，观察试块外圆表面磁痕显示清晰的孔数，孔数越多，表示灵敏度越高。在规定磁化电流的情况下，应达到灵敏度要求的最少孔数，否则说明综合灵敏度不合格，应检查其原因。

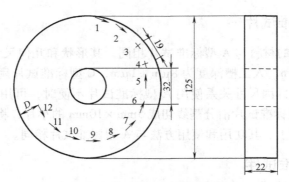

图 3-5　直流标准环形试块

2. 交流标准环形试块

交流标准环形试块是个组合件，它由钢环、胶木衬套和铜棒组成，钢环通过胶木衬套固定在铜棒上，如图 3-6 所示。钢环上钻有 3 个 ϕ1mm 通孔，孔心距铜棒中心的距离（半径）分别为 23.5mm、23mm、22.5mm。使用时，将铜棒装夹在交流探伤机的电极夹头之间，通电磁化，观察钢环外表面的磁痕显示。当通以750A（有效值）交流时，至少应有两个孔显示清晰的磁痕，否则综合灵敏度不满足要求。

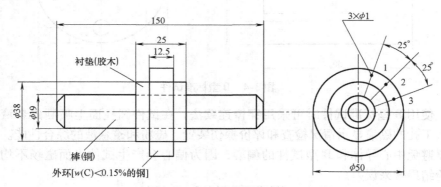

图 3-6　交流标准环形试块

四、磁场指示器

磁场指示器如图 3-7 所示，它是由八块低碳钢三角形薄片（厚度为 3.2mm）以铜焊的方法拼装在一起，试块的一面与 0.25mm 厚的铜皮焊牢，然后安装一个非磁性的手柄。它的用途与 A 型标准试片类似，但比其经久耐用，便于操作。使用时，将指示器铜面朝上，碳钢面贴近工件被检面，用连续法给铜面上施加磁悬液，观察磁痕显示。

磁粉检测中，使用带有已知缺陷（含人工和自然缺陷）的试块，可以很好地检测设备和材料的性能是否正常、操作是否正确，对于确保检测灵敏度、检测结果的可靠性都非常有益。在实际使用中，还有许多用于不同检测场合的试块，这里不再介绍。

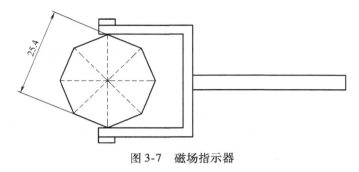

图 3-7　磁场指示器

◇◇◇ 第五节　磁粉和磁悬液

磁粉检测灵敏度高除了要求有强度足够的缺陷漏磁场外，还要求有性能优良的磁粉和磁悬液。性能优良的磁粉、磁悬液能使更多的磁粉被微弱的缺陷漏磁场吸附，形成明显、清晰的磁痕。

一、磁粉的分类

磁粉由铁磁材料的微粒组成，主要成分为 Fe_3O_4、Fe_2O_3 和工业纯铁粉等。

磁粉种类较多，分类方法也不同。常用的分类方法有两种，一是根据磁痕显示光源的不同分为荧光磁粉和非荧光磁粉；二是根据分散剂的不同，分为干式磁粉和湿式磁粉。

1. 非荧光磁粉和荧光磁粉

非荧光磁粉又称普通磁粉，用于在可见光下观察磁痕图像。为了提高磁粉与工件表面的色泽对比度，非荧光磁粉具有黑色、红色、银白色等不同颜色的品种。荧光磁粉是将荧光物质粘结在磁性铁粉表面制成的，通常观察磁痕是在紫外灯下进行，磁痕会发出色泽鲜艳的黄绿色荧光，与工件表面本底形成明显的对比，这样使缺陷的能见度大为提高。纯白和纯黑在明亮环境里的对比系数为 25:1，而在黑暗中荧光提供的对比系数高达 1000:1，因而荧光磁粉具有很高的灵敏度，能发现微小的缺陷。

2. 干式磁粉和湿式磁粉

干式磁粉适用于干法检验，使用时以空气为分散剂施加在被检工件表面。为满足干法的检验要求，干式磁粉的磁性应大于 10g（按磁性称量法）。为适应对大小不同的缺陷的检测，干式磁粉的粒度最大不超过 180μm。对于微小缺陷，小粒度的磁粉比大粒度的磁粉有更高的灵敏度，而大粒度磁粉对大缺陷的磁痕跨接有更好的效果，所以实际应用中的干式磁粉粒度上有一定的匹配。干式磁粉有普通磁粉和荧光磁粉，随着干法检验的发展，有一些新磁粉出现，例如：空心球状磁粉，由于比重小，有更好的流动性和分散性，检测时能跳跃着向漏磁场处聚集；日光性荧光磁粉，能在可见光下发出明亮的荧光，既增加了对比度，又可免去紫外光灯。

湿式磁粉用于湿法检验，使用时需要以油或水作分散剂，配制成磁悬液，然后施加在工件表面上。由于磁粉要悬浮在分散剂中，湿式磁粉应有比干式磁粉更细的粒度；用作分散剂的载体对磁粉探伤灵敏度有着一定的影响，湿式磁粉有普通磁粉和荧光磁粉，以干粉供货，使用时用分散剂配制磁悬液；此外，还有磁膏、浓缩磁粉等出售，只要按比例稀释即可使用。

二、磁粉的性能

1. 磁粉的磁性

磁粉检测中的磁粉应具有高的磁导率、低的矫顽力和低的剩磁，这与磁带中用于记录材料的磁粉所具有的高矫顽力高剩磁的特性形成鲜明的对照。高的磁导率，使磁粉容易被微弱漏磁场所吸附，低的剩磁和低的矫顽力，磁粉容易分散和流动，磁粉经磁化后再用，也不会凝聚成团，不会影响分散和悬浮。因为磁粉颗粒很小，无法精确测量其磁性，尽管可以将磁粉用非金属环管充填，制成环形试样，像测量铁磁材料的磁性那样测取磁粉的磁导率、矫顽力和剩磁，但由于试样是由微粒组成的，密度差距很大，测量数据也误差很大。试验结果表明，即使是磁导率很高的材料制成的磁粉，其磁导率也很低。例如，纯铁最大磁导率可达到 5000，而测得的 10μm 的纯铁粉磁导率约为 10，氧化铁约为 5。由于上述试验技术难度大，且不可靠，因此无法为实际应用接受。为能简便地控制磁粉的磁性，目前广泛采用磁性称量法来度量。一般要求：湿法普通磁粉不低于 7g，干法普通磁粉不低于 10g，荧光磁粉不低于 5g。

2. 磁粉的粒度

磁粉的粒度对磁粉的分散性、悬浮性和被漏磁场吸附的难易程度上有很大的影响。粒度大，分散性好，悬浮性差，难以被漏磁场吸附；粒度小则反之。在湿式磁粉中，粒度大于 25μm（500 目）的磁粉被称为粗磁粉，其悬浮性差，这些磁粉在 5～10min 内便可以从磁悬液中沉淀下去，在以直流标准环型试块试验时，最多只能显示四个缺陷孔磁痕，难以保证缺陷检测的灵敏度。湿法中对缺陷最敏感的磁粉粒度是 5～15μm，这个范围内的磁粉其分散性、悬浮性和被漏磁场吸附的情况都比较适宜，综合性能好。荧光磁粉因为外表粘合了荧光颜料，其粒度要稍大一些，兼顾分散性、悬浮性和灵敏度，一般要求在 $5 \sim 25 \mu m$ 范围内。

3. 磁粉的形状

磁粉的形状对磁痕的形成具有较大的影响。磁粉在磁场中的受力与磁粉形状有关，条形磁粉易于磁化并形成磁极，其受磁力最大，容易互相吸引形成长链，跨跃缺陷，形成清晰可见的磁痕，但条形磁粉移动时阻力较大，在工件表面的流动性差。而球形磁粉在磁化时不会形成明显的磁极，磁性较弱，受漏磁场的吸附力就小，但流动性好。为了兼顾磁痕的形成和流动性，同时也防止条形磁粉互相吸引产生凝聚，理想的磁粉应由一定比例的条状磁粉和球状磁粉混合而成。

4. 磁粉的密度

磁粉的密度对磁粉的磁性、悬浮性、流动性有影响。密度越大，磁性越强，悬浮性差，流动性也不好，为此，干式磁粉的密度一般限制在 $8g/cm^3$，湿式磁粉为 $4.5g/cm^3$。

此外，磁粉还有色泽、对比度、流动性等方面的性能要求。

三、磁悬液

用来悬浮磁粉的载液称为分散剂。湿式检验用油或水作分散剂，磁粉和分散剂按一定比例混合而成的悬浮液称为磁悬液。

1. 分散剂

分散剂作为磁悬液性能的主要决定因素，在磁粉检测中有多方面的性能要求，在以油和水作分散介质时有所不同。

油介质具有防腐、防锈、不需任何添加剂等优点，但也有易燃易挥发、成本高等缺点，作为分散剂时，主要性能要求有：

1）高闪点。

2）粘度适中。

3）稳定，不易挥发和变质，经久耐用。

4）无味，无毒，对工件无化学反应等。

高闪点是职业安全要求，现流行两个类别的要求，一类油液要求闪点不低于93℃，二类油液为 $60 \sim 93$℃。为保证磁粉的悬浮性，粘度不能太小，但磁粉检测中更重要的是介质的流动性、润湿性，粘度太大，磁悬液的流动性、润湿性都是问题，检测灵敏度将难以保证，为此，一般要求介质的粘度小于 $5 \times 10^{-6} m^2/s$（5cSt）。无味煤油是国内应用最广的一种分散介质，它的运动粘度为 $2.03 \times 10^{-6} m^2/s$（2.03cSt），闪点接近60℃，其悬浮性、流动性等效果都很好，适宜于荧光和非荧光磁悬液。国内还有采用变压器油作为分散介质的，其闪点很高，不易挥发，悬浮性能好，但粘度太高，达 $1.5 \times 10^{-5} \sim 2.5 \times 10^{-5} m^2/s$（15 ~

25cSt），影响检测灵敏度，通常是将变压器油和煤油按比例混合的油液作为分散介质，但由于变压器油在紫外灯光下会发出荧光，因此不能用于配制荧光磁悬液。

以水为分散介质的磁悬液粘度较低，流动性好，成本低，无着火危险。但易于腐蚀工件，润湿效果不太理想。水作为分散介质时，应具有以下性能：

1）润湿性，能均匀完整地润湿磁粉和工件。

2）分散性，均匀分散磁粉，无结团现象。

3）无腐蚀，至少在规定时间内不锈蚀工件。

4）消泡作用，能自动消除因搅拌磁悬液出现的大量气泡，不致影响正常检验。

5）稳定性，在规定的使用期内不变质变味。

6）酸碱度，pH 值小于 10.0。

纯净的水难以满足这些性能要求，必须添加一些改善性能的成分，这些添加成分称为水性调节剂，通常有润湿剂、防锈剂和消泡剂等。润湿剂的作用是减低水对磁粉和工件的表面张力，从而增强润湿作用。对于水荧光磁悬液，由于荧光磁粉的表面含有有机颜料和疏水性的粘合树脂，如不加润湿剂，它们就不能被充分润湿和分散，细小的荧光磁粉会像灰尘一样浮在液面上。

2. 磁悬液浓度

磁悬液的浓度是指磁粉在磁悬液中所占的比例，通常以每升磁悬液含有的磁粉重量（g）来表示，对于非荧光磁悬液，一般要求在 10～25g/L 范围内；对于荧光磁悬液，一般要求在 0.5～2g/L 范围内。国内外各标准中对浓度范围的规定都有一些差异，但差异很小，非常接近。由于在检测磁悬液浓度时，是以单位磁悬液中的沉淀量（mL）范围来表示的，国内外标准中也有以沉淀量来表示的。如非荧光磁悬液每 100mL 中应含有固体 1.2～2.4mL，荧光磁悬液为 0.10～0.40mL/100mL。磁悬液的浓度直接影响到检测灵敏度，浓度太小，磁痕微弱，难以辨认；浓度太大，背景容易模糊，以至于掩盖磁痕。因此，定期进行浓度检查，使浓度维持在一个适宜的程度上是很重要的。

四、磁粉、磁悬液性能测试

1. 磁粉的磁性

磁粉的磁性常用称量法来测定。称量法是采用标准电磁铁吸附磁粉的重量多少来评价磁粉的磁性。磁粉称量仪的结构如图 3-8 所示，主要由电磁铁、支架和电源电路组成，电源电路中串有调压器，用以控制供给线圈的电流。线圈是0.9mm 的漆包线绕在黄铜骨架上，共 2650 匝。黄铜架内嵌有黄铜套，套的底部焊有一个铜圆盘，套内有 20 钢制成的铁心，铁心与套紧密配合，电磁铁由单相交流电励磁。

具体称量方法如下：

1）接通电源，调节调压器使安培表电流达 1.3A，切断电源。

2）将干磁粉装入 $\phi70$、高为 10mm 的圆盘器皿内，用直尺刮平。然后将器皿移至与电磁铁铜圆盘接触，通电 5s 将器皿轻轻放下。

3）待铜盘吸附住的磁粉稳定后切断电源，取下圆盘吸附的全部磁粉，用天平称其重量，重复测试三次，取平均值。非荧光湿式磁粉以不少于 7g 为合格，干式磁粉不少于 10g，荧光磁粉不少于 5g。

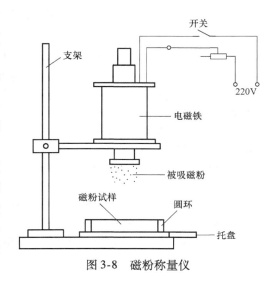

图 3-8　磁粉称量仪

2. 磁粉粒度

磁粉粒度的测量通常采用过筛法和酒精沉淀法。过筛法是用标准目数的筛子来筛磁粉，根据通过筛子的磁粉重量占总磁粉重量的百分比来评价磁粉的粒度，通过百分比大，说明粒度小。对于湿式磁粉，必须有 98% 的磁粉通过孔径为 45μm 的筛子，方为合格。酒精沉淀法是在一长为 400mm、内径为 10mm 的玻璃管内先注入 150mm 高的酒精，3g 干磁粉，充分摇匀后，再注入酒精使液柱高达 300mm，再上下颠倒充分均匀，然后立即垂直静止，3min 后观察磁粉柱高度。高度越高，说明磁粉粒度越小，一般要求磁粉柱高度不低于 180mm 的磁粉粒度为合格。

3. 磁悬液浓度

磁悬液浓度通常采用如图 3-9 所示的梨形管测量。测量时，将磁悬液充分搅匀，取 100mL 注入梨形管，垂直静止（无振动）30min，读取磁粉沉淀高度即可得到所测磁悬液的

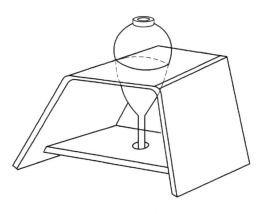

图 3-9　梨形管测量

浓度值。由于磁粉所经历的磁化强度对沉淀速度和高度有一定的影响，故国外有标准规定必须对沉淀管试样退磁后再进行静止沉淀。

复习思考题

1. 常用的磁粉检测设备分为哪几类？各有什么特点？
2. 磁化设备有哪几种？使用时有哪些主要技术要求？
3. 磁化设备主要有哪些辅助部分？其主要作用是什么？
4. 标准试片和试块的主要用途有哪些？
5. 如何在工件上使用标准试片？
6. 简述紫外灯的结构和紫外线的产生。
7. 简述白光、紫外光、环境光的测量及要求。
8. 使用紫外灯时应注意哪些方面？
9. 简述毫特斯拉计、袖珍式磁强计、黑光辐照计的用途与应用方法。
10. 简述磁粉和磁悬液的用途、性能。
11. 磁悬液浓度是如何测定的？荧光与非荧光磁悬液浓度有何不同？

第 四 章

磁粉检测方法与工艺

 培训学习目标

1. 了解检测方法的分类。
2. 掌握检测方法的选择原则。
3. 掌握检测工艺、流程及磁痕记录方法。

◇◇◇ 第一节 检测方法分类

一、按施加磁粉的时间分类

按施加磁粉的时间分类不同可分为剩磁法和连续法。

剩磁法是利用工件中的剩磁进行检验的方法。先将工件磁化，切断磁化场后再对工件施加磁粉磁悬液进行检查。剩磁法只适用于剩磁 B_r 在 0.8T 以上、矫顽力 H_c 在 800A/m 以上的铁磁材料。一般来说，经淬火、调质、渗碳、渗氮的高碳钢、合金结构钢都可满足上述条件，低碳钢和处于退火状态或热变形后的钢材都不能采用剩磁法。剩磁法检测效率高，中小零件可单个或数个同时进行磁化，施加磁粉或磁悬液，然后进行检查，效率远高于连续法；剩磁法的缺陷磁痕显示干扰少，易于识别，并有足够的检测灵敏度。但剩磁法只限于剩磁、矫顽力满足要求的工件，并在交流磁化时，要对磁化电流的断电相位进行控制，否则剩磁将会有波动。

连续法是在外磁场作用的同时，对工件施加磁粉或磁悬液，故也称外加磁场法。连续法并不是指磁化电流连续不断地磁化，它通常是断续性通电磁化，操作中应注意磁场的最后切断应在施加磁粉或磁悬液动作完成之后，否则刚刚形成的磁痕容易被搅乱。连续法适用于一切铁磁材料，比剩磁法有更高的灵敏度，但它的效率要低于剩磁法，有时还会产生一些干扰缺陷磁痕评定的杂乱显示。

二、按显示材料分类

按显示材料分类可分为荧光法和非荧光法。

荧光法是以荧光磁粉作显示材料，它的检测灵敏度高，适用于精密零件等检测要求较高的工件。被检表面不宜采用普通磁粉的工件也应采用荧光法。荧光法检查时通常要在暗室内紫光灯下进行。

非荧光法以普通磁粉作显示材料，检查时在自然光下进行。普通磁粉种类很多，使用非常广泛。

三、按磁粉分散介质分类

按磁粉分散介质分类可分为干法和湿法。

干法以空气为分散介质，检查时将干燥磁粉用喷粉器喷撒到干燥的被检工件表面，干法适用于粗糙工件表面，如大型铸件，焊缝表面。

湿法是将磁粉分散、悬浮在适合的液体中，如常用油或水作分散剂，称为油或水磁悬液，使用时将磁悬液施加到工件表面。湿法灵敏度高，能检出细微的缺陷，并且磁悬液可以回收重复使用。

此外，磁粉检测方法还可以根据磁化方法进行分类，例如按磁化电流种类的不同和磁化方向的不同进行分类。

在实际应用中，正确选择磁粉检测方法是取得理想检验结果的必要条件。选择的依据是被检工件的形状、尺寸、材质和检验的要求等。在检测方法（剩磁法和连续法，荧光法和非荧光法，干法和湿法）确定之后，还需对一些重要的检测内容作出选择，主要项目有：磁化电流种类、磁化方法、磁化磁场（即磁化电流）的大小、磁化持续时间、磁粉的种类和磁悬液的浓度等，这些方法和技术条件的选择，都会影响到检验效果，正确、合理地选择这些技术条件是磁粉检验人员必须掌握的要领。

◈◈◈ 第二节　检测方法及条件的选择

一、检测方法的选择

1. 连续法与剩磁法

连续法和剩磁法在工艺程序上的差异在于施加磁粉或磁悬液的时机上，连续法的作业程序如下：

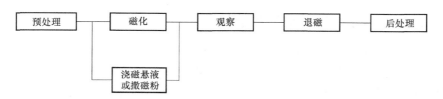

其中磁化与撒磁粉或浇磁悬液是同步进行的，操作时应注意磁化是间断反复进行的，即每通电磁化 $1\sim3s$ 后断电间隔 $1\sim2s$，再反复这个磁化动作，直到磁粉或磁悬液施加完毕，最后的断电应在施加磁粉或磁悬液动作完成之后。湿法中为防止磁悬液流动破坏磁痕，还需要通电 $\frac{1}{4}\sim1s$、$1\sim2$ 次，以巩固磁痕。

剩磁法的操作程序如下：

其中施加磁悬液是在磁化动作完成之后，它是利用工件中的剩磁进行探伤的。它的通电磁化持续时间短，一般为 $\frac{1}{2}\sim1s$，重复磁化 $2\sim3$ 次。脉冲磁化电流只能用于剩磁法，磁化持续时间应大于 $(1/120)s$，并反复磁化 $2\sim3$ 次。

需要进行连续法和剩磁法选择的仅限于满足剩磁法检验条件的材料，即剩磁不小于 $0.8T$（$8000G$），矫顽力不低于 $800A/m$（$10Oe$）的材料，不满足这个条件的工件一律采用连续法。选择时，应根据工件检测要求和两种方法的特点进行选择。例如，工件要求有高的检测灵敏度时，应选择连续法；对于批量大的工件要求效率时，应选择剩磁法；对于形状比较复杂的工件（如螺纹、齿轮等）因易产生截面变化的漏磁场，采用连续法会形成较大的本底灰雾度，不易判断，所以应选用剩磁法；对于有涂镀层的工件，由于涂镀层的存在会使漏磁场减弱，原则上只能采用连续法。

2. 干法与湿法

干法检验时要求磁粉和被检工件表面都应充分干燥，否则容易产生粘结而形成假磁痕。喷洒磁粉应限于通电磁化的持续时间内，干法不间断磁化时间比湿法长得多，如日本要求每次最低15s。与湿法比，干法灵敏度一般要低一些，操作也比较复杂，工作环境也易受到污染，所以使用远不如湿法广泛。但在湿法受到限制的情况下，干法可以发挥作用。例如，表面粗糙的工件采用湿法，被检面的磁图背景重叠，难以判断，应采用干法；高温工件不宜采用湿法，应选用干法。干法常用于大型铸件、焊缝的现场检测；铁路系统也用于检验机车和车辆的轮、轴等受力部件。

二、磁化方法、磁化电流的选择

磁化方法、磁化电流应根据工件的形状、尺寸、材质和需要检测的缺陷种类、方向和大小来选择。磁化场方向应尽可能与被检缺陷垂直，或至少保证有较大的夹角。对于任意方向的缺陷，原则上应进行两个垂直方向的磁场磁化和检查，这可以是两次独立的磁化和检查，对于有复合磁化条件的，也可以一次同时完成两个方向的磁化和检查。如果工件仅是某一方向的缺陷具有危害性，可以采用合适的单方向磁化。磁化场的方向应尽可能与被检工件表面平行，防止由于不平行产生漏磁场而影响检测效果。对于大型工件和整体磁化检验效果不佳的复杂工件，应采用支杆法、磁轭法进行局部磁化。对精密工件，如抛光、磨削、镀层的工件以及材质不允许局部加热的工件，应避免采用直接通电法，以免烧伤工件。磁化电流的选择影响很大，电流偏小，则缺陷不能产生足够的漏磁场，影响检测能力；电流太大，非缺陷部位也会产生漏磁通，使工件本底模糊，给缺陷判断带来困难。合理的磁化电流应能使要求检出的缺陷产生足够的漏磁场，形成明显的磁痕，同时其他部位的漏磁场应尽可能弱。对于磁化电流周向磁化按直径计算，纵向磁化根据长径比求取。确定磁化电流值时要考虑被检缺陷的种类和检测要求的高低，以决定采用规范允许的磁化电流的高低限。确定磁化电流值还要考虑工件材质的磁特性，对于导磁性能差的工件应取电流的上限，甚至突破限制。磁化电流选择是否合理应以试片、试块校验。A型标准试片是常用的一种，校验时应将试片贴于磁化效果最差的有效检测部位进行。为保证检测效果，在确定磁化电流值时必须进行校验，并且在检验过程中也应定期校验。

三、磁粉的选择

荧光和非荧光磁粉的选择即为荧光法和非荧光法的选择，两种不同显示材料对检测效果影响的区别在于检测灵敏度上，荧光法优于非荧光法，但必须满足照明条件要求，荧光法要求在暗室（可见光低于20lx）和紫外线（观察处不低于$1000\mu W/cm^2$）灯下进行。不满足照明条件，荧光法灵敏度下降，例如，暗室随可见光照度的增大，灵敏度迅速下降，以至于一些不满足黑暗条件的现场检测其灵敏度反而不及非荧光法。在配置荧光磁悬液时应注意，分散剂应无荧光反射，磁悬液浓度比非荧光磁粉低得多。对于检测要求高的工件、精密工件和由于色泽对比不宜采用非荧光法的工件应采用荧光法。非荧光磁粉品种很多，适用面宽，加之可见光照明很方便，应用非常广泛。非荧光磁粉的检测能力与磁粉粒度有很大关系，大粒度磁粉适宜于大宽度缺陷的检测，小粒度的磁粉可以检出宽度很小的缺陷。磁粉粒度在缺陷宽度至1/2缺陷宽度尺度范围内漏磁场有最好的吸附效果。在实际使用中，常以小粒度磁粉与偏大的磁化电流匹配，用以检查微小缺陷；以大粒度磁粉与偏弱的磁化场匹配，用以检查粗糙表面的大缺陷。非荧光磁粉使用时应根据被检工件面的色泽选用具有最大反差的色泽，如光亮工件取用黑磁粉，黑色工件取用白磁粉等。

❖❖❖ 第三节　退磁

退磁是去除工件的剩磁、使工件材料磁畴重新恢复到磁化前那种杂乱无章状态的过程。由铁磁材料磁滞回线可知，磁化中当磁化场回到零时，工件中磁感应强度并不回零；如使磁感应强度减到零，则外磁场就不是零。退磁时，就要求当外磁场回到零时，工件中的磁感应强度（剩磁）也趋近于零或降低到必要限度之内。

一、退磁的必要性

铁磁材料磁化后，工件中仍保留一定的剩磁，剩磁的大小与工件的材质、几何形状等因素有关。保留剩磁的工件在后续的加工、使用过程中会产生麻烦，例如：带剩磁的工件在加工、使用中会吸附金属粉、屑，轻则影响工作，重则危及运行的安全，像轴承、油路系统工件，工作在摩擦部位的工件等；剩磁会对精密仪器、电子器件的工作产生干扰，像飞机或船的罗盘、仪表表头；带有剩磁的工件在电弧焊接时会产生电弧偏吹，电镀时会产生电镀电流偏移等。在磁粉检测中有时也需要对有剩磁的工件退磁后再进行检测，否则剩磁的存在会导致错误的结论。总之，剩磁在大多数情况下是有害的，应将剩磁降低到不影响使用的程度。

有些工件虽带有剩磁，但不影响后续加工，不妨碍使用，也可不进行退磁，例如：后续加工为热处理工艺的工件，因需加热到材料的居里点以上，可使材料完全退磁；材料含碳量很低的工件因剩磁很低，也可不进行退磁。

二、退磁原理

工件的退磁有多种方法，但所有的方法都基于同一个原理：将工件置于幅值足以克服材料矫顽力 H_c 的方向随时间变化的磁场中，然后逐渐降低幅值至零，如图 4-1 所示。

工件置于方向不断交变的磁场中，产生磁滞回线，当幅值逐步递减时，回线轨迹越来越小，工件中剩磁也越来越小，最后接近于零。

退磁开始时的磁场幅值必须足以克服矫顽力，矫顽力是代表材料退磁难易程度的指示值，只有克服了矫顽力，才能使工件中的剩磁随电流极性的变化而颠倒翻转，逐步减小。实际上材料的矫顽力往往是未知的，但它总是小于原磁化场 H_0。因此，这可作为退磁的一条指南：退磁磁场的初始幅值应等于或大于原磁化场的幅值 H_0。

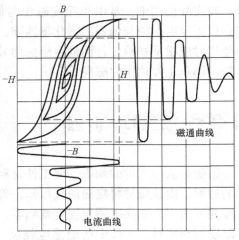

图 4-1 退磁原理

三、退磁方法

退磁方法按退磁电流的不同可分为交流退磁和直流退磁。

1. 交流退磁

交流电方向不断改变，因此，只要使工件上的磁场幅值能逐渐衰减到零就可以实现退磁。由于交流磁场具有趋肤效应，它能够退磁的深度是有限的，约为1mm。交流线圈退磁是最流行的退磁方法，操作简单，对于小型工件，只要将工件穿过载流线圈并沿其轴向前进线圈直径的 3～4 倍距离或 1～1.5m 即可。其中磁场换向交流电自身具备，退磁电流并不衰减，工件沿线圈轴向前进，经历了从磁场最大到趋近于零的过程。对于大型工件，可放置在线圈内，或以电缆绕制成线圈，退磁时退磁电流需逐步衰减至零。

对于采用直接通电或中心导体法磁化的工件，可在检测后不取下工件，采用使磁化电流逐渐减弱到零来进行退磁。这里要提及的是周向磁化的剩磁，由于是闭合在工件内，即使采用了上述方法退磁，也无法测量其退磁效果是否达到要求，为此，可将工件周向磁化检测后再进行一次纵向磁化，改变其中剩磁的方向，然后再进行线圈法退磁。

2. 直流退磁

用于直流退磁的电流必须具备不断变换方向和逐渐减小幅度的功能，通常变换方向是用时间继电器控制，电流递减由调压器或多抽头变压器自动调压获得，然后经整流器得到直流。图 4-2 所示为退磁电流波形图。

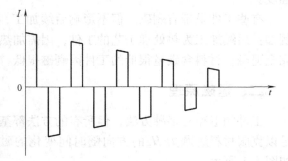

图 4-2 直流退磁电流波形图

直流退磁由于换向频率很低，通常为 1～10Hz，由于低频退磁降低了趋肤效应，所以退磁的深度随之增加。因此，对于一些难以退磁的工件，或经交流退磁证明效果不佳的工件，采用换向直流都能成功地退磁，都能使剩磁达到可接受的水平。但直流退磁效率比较低，电流换向次数是退磁效果的重要影响因素，一般要 $10 \sim 30$ 次换向。

直流退磁线圈对于小型工件也可以不衰减退磁电流，采用让工件穿过并沿轴向拉开一段距离实现磁场的衰减。

四、剩磁测量

使磁化后的工件中的剩磁完全恢复到零将是非常困难的，因此，退磁只能是将工件中的剩磁限制在必要的范围之内。在这个范围内，低的剩磁对后续的机械加工，对仪器的使用乃至工件的最终使用，不会产生不良的影响。目前，许多标准都公认，剩磁低于 $0.3\mathrm{mT}$（3G）时试件退磁是合格的，否则是不合格的。

退磁程度可用袖珍式磁强计测量，要求精密测量时可采用弱磁场测量仪或毫特斯拉计进行。

◆◆◆◆ 第四节　检测工艺及流程

磁粉检测工艺流程可归纳为下列几个步骤：

正确执行工艺和流程是获得良好检验的保证，这里将各步骤的主要内容简介如下：

一、预处理

预处理是对即将进行磁粉检测的工件作预备性处理。工件表面状况对缺陷检出有较大影响，检验前必须清除工件表面的油脂、污垢、锈蚀、氧化皮等，清除方法很多，可以喷砂、溶剂清洗、砂纸打磨、抹布擦洗等。通电磁化的工件，应特别注意清洗电极接触部位，如有非导电层（如油漆）必须清除干净，保证良好导电。另外，干法检验时要干燥被检面；在采用水磁悬液时，要注意工件表面的油迹会使水悬液无法润湿工件表面；产生"水断"现象，要可靠地进行检验，必须排除这种现象。

二、磁化

磁化方法、磁化电流按上述选择，通电磁化的时间有一定的技术要求。因为磁化电流一般都比较大，如连续通电，仪器、工件都可能出现热损。从检验缺陷角度看，有短暂的磁化（如 $\frac{1}{2}$s）就足够了，所以磁化工件一般都采用间断通电方式（如连续法），为兼顾磁化瞬间施加磁悬液，通常按通电 1~3s 间断 1~2s 这个动作反复，直到施加磁悬液完毕，这样可使热量不致太高，又达到检测效果。在采用湿式连续法时，还应注意磁痕不要被磁悬液的流动破坏。

三、施加磁粉（磁悬液）

干法检验通常采用压缩空气将装在磁粉散布器（如球形喷粉器）中的磁粉弥散在被检表面上方的空气里，喷粉时，气流速度应很低，把磁粉均匀散布到被检表面上，并可借助弱气流吹掉被检面上多余的磁粉，以利于缺陷磁痕的显示。干法检验也可用简便方法散布磁粉，将磁粉装入纱布袋中，用手抖动来进行散布。湿法检验时施加磁悬液的方法有多种。固定式检验设备配备有磁悬液喷洒系统，包含磁悬液容器、搅拌泵、喷枪，用喷枪将磁悬液喷淋到工件表面上。此外，还有采用喷灌、涂刷和浸泡工件等多种施加方法。磁悬液在使用中要经常搅拌，以保证磁悬液均匀。

四、检查

检查缺陷是磁粉检测的关键，检查应在规定的照明条件下进行。检查人员应掌握磁粉检测时工件中可能出现的缺陷种类，以及它们的磁痕形状、特征，以便准确地识别各种缺陷，分析它们的产生原因。检验人员应具备识别真伪缺陷的能力，遇到疑问时，要反复验证，必要时可借助放大镜观察、渗透、涡流等方法加以鉴别。对有缺陷的工件，应根据验收标准确定缺陷等级，并对工件给出结论和质量评价。

五、退磁

退磁的原理、方法和要求参考前面内容。在工艺操作中还必须注意如下问题：周向磁化后的工件，往往对外不呈现磁性，采用仪表也检查不出剩磁，是否可以不退磁呢？答案是必须进行退磁，否则这些工件与其他铁磁体接触时就将产生漏磁。

工件若需经历两次磁化检查，在两次磁化工序之间是否需要退磁需视情况而定，如果第二次磁化能够克服第一次磁化影响，可不进行退磁，如二次交流磁化，后一次的磁场大于前次可不进行退磁。反之，第二次磁化不能克服前次磁化的影响时，必须进行退磁，如先直流磁化后进行交流磁化，则须退磁。

六、后处理

经磁粉探伤的工件要求进行后处理。对检验合格的工件，要进行清洗，去除工件表面残留的磁粉、磁悬液，如果使用水磁悬液，清洗后应进行脱水防锈处理。经检验不合格的工件应另外存放，并在工件上标记缺陷的位置和尺度范围，以便进一步验证和进行返修。对于无法返修的报废品，应在探伤报告中注明其数量，对主要缺陷（报废原因）进行定性、定量、定位分析。如有可能，还可对缺陷产生原因进行分析，提出防止缺陷的意见和建议。

◇◇◇ 第五节　磁橡胶检查法

在实际应用中，有时对管状零件的内表面以及不通孔和螺纹孔内表面进行磁粉检测，往往比较困难。因为这些内表面缺陷的磁痕不易观察或根本不能观察。为了解决这类零件的磁粉检测，可以用磁橡胶检查法。

磁橡胶检查法的基本原理是：把磁粉混合在一种特别的室温硫化橡胶内并充分调匀，然后施加于被检零件的表面，零件在经过磁化后，含在橡胶内的磁粉由于受缺陷"漏磁场"的作用而被吸引聚集形成磁痕，等橡胶固化后从零件中取出，最后用目视或在显微镜下观察，磁粉集中的区域便显示了缺陷的形状和位置。

磁橡胶检查法所用的磁橡胶液是一种室温硫化硅橡胶按照适当的比例稀释并加入适量磁粉经过充分均匀混合而成的检查液。

为了能检查微小的裂纹，要用磁性好、粒度小的优质磁粉。配制的磁悬液的浓度要比常规的低（一般为 $3 \sim 10g/L$）。

硅橡胶是二甲基硅氧烷与其他有机硅单体在酸或碱性催化剂的作用下，聚合制成的一种线性高分子弹性体。室温硫化硅橡胶是指不经过加热，而在室温下就能硫化的硅橡胶。它的分子量较低，一般为粘稠状液体。使用时加入适当的催化剂后就可以在室温下硫化成为弹性体。室温硫化硅橡胶可配制成不同粘度，硫化时间可根据需要调节，并具有一定的抗拉强度，硫化成弹性体后可长期保存不变质。

一般的操作程序如下：

（1）准备　清洗被检工件表面的污垢和其他脏物，如果表面有镀层或其他覆盖层，当厚度不超过 0.25mm 时，可以不去掉。

（2）浇注　为了防止磁橡胶漏泄，先用铝箔、胶布、腻子、塑料等材料将受检面或通孔围堵起来，然后把加入固化剂的磁橡胶液充分调匀，并浇灌于被检查零件的孔内。磁橡胶液的粘稠度要适中，过稠则浇灌困难，过稀则降低了磁橡胶的抗拉强度。

（3）磁化　用连续法或剩磁法对零件磁化，可以使用永久磁铁、直流磁轭或通电法等。为了有利于磁化时磁粉在悬浮状态下的迁移，磁化的时间要稍长一些。表4-1所列为对不同的检测对象推荐使用的磁化磁场强度和磁化时间。

表4-1　磁橡胶检查的磁化条件

受检对象	磁场强度/Oe	磁化时间 /min	备 注
没有覆盖层的孔	50 ~ 100 25 ~ 50	0.5 1	
有覆盖层的孔	100 ~ 600	0.5 ~ 1.5	随覆盖层厚度变化
没有覆盖层的表面	150 100 50 20	1 3 10 30	
有覆盖层的表面	50 ~ 600	1 ~ 60	随覆盖层厚度变化

注：1Oe（奥斯特）= 7.96 × 10A/m。

（4）固化　橡胶的固化速度与固化剂的用量及温度、湿度有关。一般情况下环境温度和湿度越低，固化速度越慢，反之越快。在温度为 15 ~ 20℃，相对湿度为 65% ~ 80% 的情况下，固化剂用量与固化时间的关系大致如下：

固化剂比例　3% ~ 4%　　　5% ~ 6%　　　7% ~ 8%　　　9% ~ 12%

固化时间　5 ~ 6h　3 ~ 4h　2 ~ 3h　1 ~ 2h

固化时间要适当控制，迅速固化将使磁粉的迁移过早地停止，缺陷可能无法显示，固化太慢又会增加检查的时间，对生产不利。

（5）观察　把固化后的橡胶取出来进行检查，如果观察到集中出现明显的磁痕，就说明零件内表面的相应位置上有缺陷。

（6）退磁　如有必要，需对零件退磁。

磁橡胶检查法不仅对孔类零件内表面的检查效果较好，而且对某些具有保护层（如镀层、油漆层等）的零件表面监测有独特的长处。因为零件有了保护层后，微小表面缺陷的漏磁十分弱，常规检查中，磁悬液会在短时间内流失，这种微弱的漏磁难以在短时间内吸附磁粉形成磁痕。而磁橡胶液中的磁粉要在零件充磁后一段相当长的固化时间内可供缺陷处的漏磁吸附，有利于磁粉的不断聚集。

磁橡胶检查法还可用于对疲劳裂纹的检查，以及监视疲劳裂纹的起始和发展。金属在反复加载的周期应力的作用下，会产生疲劳裂纹。疲劳裂纹是由微观到宏观逐渐发展的。因为早期疲劳裂纹常常在零部件表面上应力集中的部位出现，裂纹的长度很小（有时可达 0.1mm 以下），有的部位还很难检查和观察。用常规的检查方法难以得到可靠的检测结果。若采用磁橡胶法，不仅能可靠地检测到疲劳裂纹的存在，还可以展现出被检部位的全貌，记录下全部缺陷，在读数显微镜下通过精确测定磁痕的长度来判定疲劳裂纹的尺寸，监视和记录疲劳裂纹的产生和扩展过程。还可以通过照相，将照片和复制品一起作为永久记录长期保存。

近年来，在磁橡胶检查法的基础上，又发展了一种将磁粉试验（Magnetic Testing）与橡胶铸型（Pubber Cast）结合起来使用的新的磁粉检测技术，简称 MT-RC 。MT-RC 与通常的磁橡胶检查法（Magnetic Rubber Inspection，简称 MRI）的区别在于，MT-RC 没有在橡胶内混入磁粉，橡胶仅仅用来复制磁粉检测所显示的缺陷磁痕。MT-RC 的工艺过程主要有：

（1）预处理　清洗受检工件表面。

（2）磁化　按规范选择磁化方法，给零件施加方向、大小适当的磁场。一般在检查内孔时多用芯绑法，采用剩磁法检验。磁化电流值的选取按如下原则：严格规范 $I = 45D$；标准规范 $I = 25D$。

（3）浇注磁悬液　磁悬液由黑色磁粉和酒精配制，浓度偏低，一般在 1～3g/L 范围内选用。

（4）漂洗—干燥　为了防止零件表面多余的磁粉妨碍观察，可用酒精轻轻仔细地漂洗，然后使零件表面充分干燥。否则，橡胶铸件上的磁痕会模糊不清或出现假象。

（5）浇铸橡胶　将加有适量固化剂的橡胶液充分搅拌均匀，注入受检部位。

（6）观察　取橡胶铸件进行观察。

（7）退磁　根据需要对受检零件退磁。

MT-RC 和 MRI 的用途基本相同，但是 MT-RC 克服了 MRI 的某些缺点，具有更大的优越性。如：

（1）具有理想的对比度　磁橡胶由于磁粉的加入而染上了颜色，磁粉粒度越细，染色越深，因而磁痕与本底的对比度不清；而 MT-RC 的橡胶本底为白色，磁痕为黑色，黑白分明，对比度很理想。

（2）灵敏度更高　MT-RC 由于对比度好，加上检测材料是用酒精与磁粉配制成的磁悬液，克服了磁粉在粘稠的橡胶中移动困难的问题，所以检测灵敏度更高。

（3）可靠性好　MRI 的灵敏度与可靠性在很大程度上要依赖于橡胶的固化时间，因为磁粉在胶液中需要较长的时间才能聚成磁痕。但是 RT-RC 不存在这个问题，所以检测结果可靠，重复性好。

（4）工艺性好　采用 MRI 时，橡胶的粘度、固化剂用量、固化时间以及磁化时间等对检测灵敏度都有很大影响，而 MT-RC 的检测灵敏度与这些因素无关，操作易于掌握与控制，所以工艺性较好。

复习思考题

1. 磁粉检测的检验方法有哪些？根据什么来分？
2. 什么是湿粉法？它的应用范围、优点和局限性有哪些？
3. 什么是连续法？它的应用范围、优点和局限性有哪些？
4. 什么是剩磁法？它的应用范围、优点和局限性有哪些？
5. 什么是 MRI 法？它的应用范围、优点和局限性有哪些？
6. 什么是 MT-RC 法？它的应用范围、优点和局限性有哪些？
7. 简述连续法、剩磁法的操作程序。
8. 分别简述 MRI 法和 MT-RC 法的操作程序。
9. 为什么要退磁？退磁的原理是什么？

第 五 章

磁粉检测工艺规程编制

培训学习目标

1. 了解磁粉检测主要技术文件的内容。
2. 熟悉磁粉检测工艺规程的编制要求和主要内容要求，能够编制常用磁粉检测工艺规程。

◆◆◆ 第一节　磁粉检测的主要技术文件

磁粉检测的技术文件主要包括：①用户请求进行磁粉检测的委托书；②被检产品对磁粉检测验收的技术要求；③有关磁粉检测的标准、制度和规定；④指导磁粉检测工作进行的工艺规程（图表）；⑤检验情况记录；⑥说明检测结果的检测报告；⑦检测设备仪器及材料的校验记录等。其中，磁粉检测工艺图表是对工件进行具体检测的各个细节的技术规定，它的编制是否正确和完善与否对检测结果有着决定的影响。

一、磁粉检测的委托书和产品验收的技术要求

在磁粉检测中，被检工件是由委托单位委托检验单位进行检验的。委托单位应将被检工件的名称、材质、尺寸、表面状况、热处理、关键部位、受力情况、灵敏度等级、质量验收标准和返修要求等写在委托书中，提交给检验单位。检验单位再根据其要求和有关标准、规范编写磁粉检测工艺规程，对检测方法和要求作出具体的明确规定，指导检测人员进行检验，从而保证磁粉检测结果的一致性和可靠性。

对于常规生产产品的验收，无损检测的技术要求由产品设计部门或相关部门

提出。必要时，可与无损检测人员协商。若是新设计制造的产品，产品设计部门应根据产品的用途、材质和制作工艺，明确提出相关的检测方法和检测要求，以及在相应检查条件下零件上不允许存在的缺陷大小、数量和部位。对一些允许存在或许可修复（如焊接）的缺陷，也应同时作出适当的规定。对于制造过程中由于制造工艺的原因临时需要检查的产品，应由有关工艺部门提出检查要求和验收技术条件。对使用中的产品，应由使用单位根据设计及使用的情况和缺陷可能出现的方向和部位以及对产品使用可能造成的影响，提出检测和验收要求。

二、磁粉检测方法标准和检测工艺规程

有关的检测方法标准和验收技术条件（标准）是编制产品检测工艺规程的依据。在制定工件的磁粉检测验收标准时，在保证产品的质量要求前提下，应根据检测方法重点考虑检查成本的经济性。

磁粉检测方法标准有通用标准和专用标准。在通用标准中，明确规定了该方法的通用检测技术。在专用标准中，除了采用通用标准中的相关条文外，还针对特定产品的技术要求增加了特殊的检查方法和验收技术条件。为了突出产品的检查特点和简化检测工艺的编制程序，企业可以结合自己产品的检测工艺制定本企业的检测工艺标准，对企业内经常使用的方法、设备、器材及质量控制等进行规定。

在新产品研制或新工艺试验、新材料试用时，若没有适当的质量验收标准和检测方法标准时，可采用以下方法：

1）制定该产品专用的产品检测方法和质量验收标准。

2）根据某个通用的检测标准中的不同验收等级，采用某一等级来验收产品。

3）采用某个检测方法标准，并规定具体的产品验收技术要求。

在编制本单位企业标准时，应注意即使是同一个检测对象，由于制造与使用环境的不同，检测要求和方法也是有所差异的。如变速箱中的齿轮，可以采用型材锻造加工和粉末冶金烧结制造，由于制作工艺条件的不同，产生缺陷的机理也各不相同，缺陷可能出现的形态、部位将有所差异。应该根据各自加工的特点选择验收条件和检测方法。前者重点考虑锻造缺陷，后者重点检查烧结过程中产生的缺陷。同样，使用中的齿轮重点检查的是疲劳裂纹等缺陷。因此，在制定验收标准和检测标准时，不能因为产品相同而采取一样的方法，应根据实际情况处理。

磁粉检测工艺规程是执行检测操作的工艺文件，有磁粉检测规程（工艺说明书）和工艺卡（检验图表）两种。其主要区别是，磁粉检测规程是根据委托书的要求结合工件特点及有关标准编写的，内容比较详细，检测对象可以是某一

种具体工件，也可以是某种技术的加工制品（如容器焊缝），以文字说明为主。而磁粉检测工艺卡，是根据检测规程和有关标准，针对某一工件编写，具体指导检测人员进行检验操作和质量评定用的，要求内容具体。通常是一件一卡，以图表形式说明应当执行的各种工艺参数和操作步骤。检测规程编制应征得委托单位的认可。

三、检测记录和结论报告

检测记录应由检测人员填写。记录应真实准确地记下工件检测时的有关技术数据，反映整个检测过程是否符合检测工艺说明书（包括图表）的要求，并且具有可追踪性。主要应包括以下内容：①试件，记录其名称，尺寸，材质、热处理状态及表面状态；②检测条件，包括检测装置、磁粉种类（含磁悬液情况）、检验方法、磁化电流、磁化方法、标准试块、磁化规范等；③磁痕记录，应按要求对缺陷磁痕大小、位置、磁痕等级等进行记录。在采用有关标准评定时，还应记下标准的名称及要求；④其他，如检测时间、检测地点以及检测人员姓名与技术资格等。

对一些试验性检查或重要的工件，应作详细记录。记录除以上内容外，对检测过程中出现的变化也应加以详细描述。特别是为制定验收标准或方法标准所进行的检测试验，应选择多个方案进行检查并逐一记录，以制定标准时参考。

对于工序间进行批量检查的工件其记录格式可以简化，但必须对不符合验收要求的产品或须经处理或修复使用的产品按规定作出详细记录。对一些典型缺陷磁痕，除应作文字描述外，还应对缺陷磁的全貌进行记录。

检测报告是检测结论的正式文件，应根据委托检测单位的验收要求由检测人员作出，并由检测责任人员签字。检测报告可按有关要求制定。对于一般性的检查，除说明检查方法及主要规范等内容外，还应按委托要求对试件明确作出是否合格的结论。对一些重点产品（如高受力器件），不仅要作出是否合格的结论，还应按要求附上检测的缺陷记录，以供使用时参考。

四、设备器材校验记录等技术文件

为了保证仪器设备的完好性以及磁粉材料、试块等的可靠性，应按有关技术标准和规程的要求定期对仪器设备和器材（磁粉检测机、磁粉和磁悬液、黑光灯、试块等）进行校验。校验按校验规程进行。校验不符合要求的设备和器材不能使用。对于没有校验规程的设备，校验人员应根据相关标准和产品使用说明书编制临时校验规程进行校验。临时校验规程应由相关技术人员编制，并经主管领导审核批准。校验情况应按规定进行记录。记录内容应包括：校验内容、校验日期、有效日期（或下次校验日期），标准值、实测值、校验者、核对者等。

经校验合格的设备和器材，应作出明显的准用标记和准用时间。对校验不合格的设备器材，应进行检查和维修，并经再次校验合格后才能使用。对一些校验中局部超标的设备，应对其超标的使用范围进行限制。

各种技术文件都应装订成册并编号保存，以便随时检查核对。文件保存期限按有关规定执行。

◈◈◈ 第二节　磁粉检测工艺规程的编制

一、检测规程与检测工艺卡

检测规程是实施检测和验收的技术文件，检测工艺卡是检测操作的具体作业书，它们是指导检测人员现场操作的工艺文件。检测操作人员必须严格遵守检测规程中的各项规定，不能随意变动。对于批量生产中需要检查的工件，应该编制正式的检测规程并经批准后在检查中实施。对于试验或临时要求检查的工件，也应该编制临时工艺图表。

磁粉检测规程的编制应按 GJB 2028A—2007《磁粉检测》5.5.1 节的要求，由磁粉检测Ⅱ级及Ⅲ级人员编写，并经磁粉检测Ⅲ级人员审核和批准。没有获得相应资格的人员，不能从事磁粉检测工艺规程的编写、审核和批准工作。

二、检测规程的编制

检测规程须结合产品具体检测要求进行，内容应满足相关标准，并能够检测出验收要求中规定的不允许存在的最小缺陷。制定时，要根据验收的技术条件及相关标准对被检测的工件进行认真分析，了解被检查工件的整个加工过程，确定缺陷可能产生的原因及大致方向，分析被检查工件磁化时磁通的流向与缺陷方向的关系，决定工件检测的时机。然后根据工件的磁特性、形状、尺寸、表面状态、缺陷性质以及所选用磁化装置的特点来确定其被检验的方法、磁化方式、磁化电流的种类和磁化规范。应当推测出有效的检测范围。对一些比较复杂或有特殊要求的工件，需要先进行工艺性试验以确定其检测所用的工作参数。

检测规程至少应包括以下内容：

1）总则：适用范围、所用标准的名称代号和对检验人员的要求。

2）被检工件：工件材质、形状、尺寸、表面状况、热处理状态和关键部位的检测。

3）设备和器材：设备的名称和规格，磁粉和磁悬液的种类。

4）工序安排和检测比例。

5）检验方法：采用湿法、干法、连续法还是剩磁法。

6）磁化方法：通电法、线圈法、中心导体法、触头法，磁轭法或交叉磁轭法。

7）磁化规范：磁化电流、磁场强度或提升力。

8）灵敏度控制：试片类型和规格。

9）磁粉探伤操作：从预处理到后处理，每一步的主要要求。

10）磁痕评定及质量验收标准。

下面结合 GJB 2028A—2007《磁粉检验》对几项主要内容叙述如下：

1. 磁粉检测的工序安排

磁粉检测的工序安排即磁粉检测进行的时机。一般选择在有利于工件检测时进行。标准中列出了四种情形：一般应安排在如锻造、铸造、热处理、冷成形、电镀、焊接、磨削、机加工、校正和载荷试验等可能产生表面或近表面缺陷的工序之后进行；凡覆盖有机涂层、发蓝、磷化、电镀和喷丸强化的零件，应在这些处理之前进行；对某些热处理后要进行电镀的重要零件，电镀前后都应进行磁粉检验；对于一些产生延迟缺陷的工序（如焊接、磨削等），应在缺陷产生的时限后进行磁粉检测。除以上情况外，组合件容易产生影响磁痕判断的伪缺陷，检测工序一般应安排在零件组合前。

2. 磁化参数的选择

工件磁化是磁粉检测中最关键的一道工序。在检测规程和工艺卡中，应正确选择工件磁化时的检验方法、磁化方法、磁化电流和通电时间等试验条件。

（1）检验方法的选择　选择检验方法主要应根据工件材料的顽磁性。连续法适用于所有的铁磁性材料和零件的磁粉检查。凡经过热处理（淬火、回火、渗碳、渗氮及局部正火等）的高碳钢和合金结构钢，矫顽力在 800A/m，剩余磁感应强度在 0.8T 以上者，均可用剩磁法检验。剩磁法还可用于因零件几何形状限制用连续法难以检验的部位（如螺纹根部和筒形零件内表面），以及用于辅助评定连续法检测出的结果。对于剩磁较小的工件，只能采用连续法检测；而对于有足够剩磁且有一定批量的工件，能够采用剩磁法检测的，可以采用剩磁法。这不仅是为了提高检验效率，同时也为了减少磁痕的杂乱显示。但当某些大型零件设备功率不足以进行剩磁法检验，或退磁因子大以及表面覆盖层厚的零件则应进行连续法检验。剩磁法的采用，必须得到Ⅲ级人员或主管工程师的批准，并应确保能检出缺陷样件上的自然缺陷或人工缺陷，缺陷样件应与实际受检件具有相同的材料、相同的加工工艺和相似的几何形状。

对于有一定批量且要求较高的工件，常采用湿法检查。对表面有一定防锈要求的工件，一般使用油磁悬液；若磁悬液是一次性使用或检查要求允许时，也可采用水磁悬液。对于一些表面粗糙的大型铸锻件，采用干粉法进行检查可能获得较好的效果，但使用干粉法需经定货方批准。

（2）磁化电流类型的确定　最常用的磁化电流是交流电和整流电。由于交流电磁化配合湿法检验对表面有较高的检测灵敏度，而且退磁也较容易，因而在大多数场合下磁化电流采用交流电。但交流电集肤效应明显，对近表面的缺陷检测灵敏度较低，因此在对工件近表面缺陷（如铸钢件、焊接件表层内的孔和夹杂物等）有检测要求时，也常采用三相整流电进行磁化。交流电在工件剩磁检测中缺乏稳定性，可能产生漏检。因此，未加装相位断电装置的交流磁化电源是不能用于剩磁检测的，但可作为退磁电源使用。

（3）磁化方法的选择　选择磁化方法是为了确定工件在磁化时磁路中磁通的方向。GJB 2028 中指出：当不连续性的方向与磁力线垂直时，检测灵敏度最高，两者夹角小于45°时，不连续性很难检测出来。首先应考虑的是磁化磁场的方向应与被检工件上预测的缺陷方向之间尽可能垂直，以便在有缺陷的部位能产生足够的漏磁场。如果缺陷方向不能预测，应至少对零件在两个垂直方向上磁化两次。

选择磁化方法还要考虑被检工件的形状、大小、被检区域及加工工艺等情况。有些工件可用多种方法磁化实现检查，这时就应从检查的效率及可靠性和经济性上加以考虑。如薄壁钢管外表面纵向缺陷的检查可用通电法也可用中心导体法，但对表面不允许烧蚀及提高检查效率时最好采用中心导体方法磁化，而检查钢管内壁纵向缺陷时则只能采用中心导体法。又如采用触头法及磁轭法都可对钢板实现局部检测，但对抛光工件及不允许产生电火花的地方则只能采用磁轭法检查。采用线圈法或磁轭法进行纵向磁化时，要考虑工件的长径比或工件长度对磁化效果的影响等。

选择磁化方法时还应考虑提高检查的效率。对于大批量生产的单一产品，应该采用半自动化检查方式。这不仅可以提高工作效率，还能对工作参数进行固定，减少人为因素的影响。

（4）磁化规范的制定　磁化规范主要是确定工作磁路上磁通的大小，也就是要确定工件检查部位的磁感应强度的大小。通常是通过选择不同磁化方式时产生磁场的磁化电流数值来实现的。

对于磁化时所需的磁场强度，GJB 2028 作了如下的规定：决定所需磁场强度的因素有零件的尺寸、形状、磁导率、磁化技术、施加磁粉的方法、所需探测不连续性的类型及位置等。当用连续法检查时，施加在零件上任何部位的磁场强度切向分量应达到 $2.4 \sim 4.8 kA/m$，剩磁法检验时应达到 $8kA/m$。对零件磁化时达不到 $2.4kA/m$ 磁场强度的部位，应作标志并用磁轭法进行补充检验。

产生磁场的磁化电流值的选择一般是根据磁化规范提供的经验数据及公式来确定的。若采用交流电进行磁化，其电流值采用有效值计算。若采用直流电，电流值采用平均值计算。

磁化规范有标准灵敏度（标准磁化规范）、高灵敏度（严格磁化规范）和低灵敏度（放宽磁化规范）之分。但应注意的是，磁化规范的选取不是灵敏度越高越好。灵敏度过高时，电流过大，可能产生伪缺陷及把允许缺陷当成危害性缺陷而误判。一般情况下以标准灵敏度为宜。实际中，最好根据材料的磁特性进行选取，在磁化规范允许范围内电流值稍大一点即可。

　　周向磁化一般不会形成磁极，故通常采用周向磁化电流公式进行计算。这里值得注意的是经验公式中所选取的磁场强度值的适用范围，通常为（8~15）D（D 为工件直径）。对于一般的中低碳钢和中低合金钢，这个公式是适用的。但是，一些高强度钢和超高强度钢，由于热处理引起的磁性变化，在不同热处理状态时磁性会发生较大的差异，这时就不能一般地采用经验公式，而应该根据材料的磁特性曲线进行选取。只有这样，才能保证工件材料得到充分的磁化。另外，在周向磁化中，还会遇到变直径问题，即一个工件有多个不同大小的直径。对于直径差异不大的工件，可以选取一个中间值进行计算，因为磁化电流一般允许有±10%的范围。但如果工件间直径差异很大，就只有进行分段计算、分段磁化了。对一些非圆工件计算，通常采用当量直径。但应注意在其边棱角处可能会产生磁化不足现象，这时可以采用试片试验，或适当增加磁化电流值。对于板材或焊缝的通电法检测，可以参照标准推荐的磁化电流数值进行磁化，但应充分做好磁化效果的试验。

　　纵向磁化影响因素较多。由于磁化多在线圈或磁轭中进行，工件又多有磁极产生，故不能简单地采用磁场公式计算。影响纵向磁化效果的因素主要来自以下方面：工件材料的磁性；工件形状产生的退磁因子（不同截面引起的长径比变化）；不同线圈形状（长、短、大小、交直流等）所具有的磁场参数的不一致；工件在线圈中的充填因素；不同磁轭的磁路材料与结构；磁路磁化时工件在磁路中的位置及空气间隙的大小等。由于以上原因，纵向磁化时多采用经验公式进行计算或用试片以及磁化背景方法进行磁化效果验证。

　　在工件磁化时，还应注意磁化的时间。一般磁化的时间在 1~2s 即可，有时可以进行几次。磁化时间过长（特别是在通电法磁化中）将使工件发热，过短则磁化尚不充分。同时，磁化时间还应注意所用的检验方法是连续法还是剩磁法，两者磁化时间的要求是不同的。

　　3. 磁化设备和器材的选择

　　磁粉检测工艺图表中应对磁粉检测设备、仪器和器材进行选择和规定。磁粉检测设备有固定式（通用与专用型、手动与半自动型）、移动式和便携式三大类，在选择设备时，主要应考虑的是：检测设备应能适合检验对象和被检缺陷类型的要求。检验对象指需要检查的工件的大小（尺寸、重量及体积）、检验部位、批量和检验场所。如大型铸锻件、压力容器焊缝等多用移动式或便携式设备进行局部检查，一是因为这些工件的重量或体积过大，一般的固定式探伤机难于进行检查，二是这些大型工件数量一般不会太多，用局部逐步检查的方法可以取得很好的效果。若采用大型设备，提高了检验成本，而且检验效率也不高。但对于一般的中小型工件，如齿轮、轴承、传动轴、连杆等零件，由于生产批量大，要求提高检验效率和降低检验成本，这时多采用固定式磁粉探伤机，特别是半自动化的专用磁粉探伤机。同样，检验设备应能满足被检缺陷类型的要求。不同的缺陷需要用不同的磁化方式才能检查。横向裂纹需要用纵向磁化，纵向缺陷需要用周向磁化，不定向的缺陷需要用多向磁化。而每一种磁化的装置是不同的。应该根据工件需要发现的缺陷的要求来选择磁化装置。在选择装置时，还应考虑装置能产生的最大磁场强度。有时，一个工件可以有多种设备可供选择，这时就要从最方便的和最经济的角度进行选择。比如齿圈零件可以用通电法、感应法和感应电流法等多种方法进行检测，但在大批量生产时，就要考虑采用半自动的中心导体加感应电流合成的多向磁场的方法进行检查最为经济可靠。

磁粉和磁悬液的规定也应适合被检对象和缺陷，磁粉和载液的性能应该符合标准。对于检测灵敏度要求较高的工件，多采用粒度较小的磁粉和荧光磁悬液，而检查一些表面比较粗糙的工件及要求较低的检测灵敏度时，多采用粒度较粗的磁粉或干粉。磁悬液浓度也是一样，对细小缺陷的检查时浓度较高，而粗大裂纹缺陷一般浓度可适当放低。

工艺规程中应规定对检测设备和器材进行检测前的检查和综合性能测定，保证设备使用的可靠性。设备应符合检测技术需要，辅助器件要与工艺配套。使用荧光磁粉时还应对黑光灯的发光强度进行检查。整个检测场地要清洁，方便检测操作。

检测前还应对磁粉和磁悬液的质量进行检查：磁粉质量要符合有关的标准；磁悬液浓度要达到规定的要求；油磁悬液和水磁悬液、普通磁悬液和荧光磁悬液不能混用；长期使用的磁悬液还应当检查其污染情况，若污染超过规定值时应予以更换。

4. 操作程序的规定

（1）预处理　工件的预处理是为了保证工件有一个良好的磁化环境。必须根据工件的情况对需要检测的工作面进行清洁处理。GJB 2028A—2007中对此作了详细的规定。

（2）磁化操作　磁化操作有剩磁法和连续法及周向磁化与纵向磁化、多向磁化的不同。应该规定工件磁化对夹持方式的要求。对一些有特殊要求的地方，甚至要规定对工件夹持的压力和接触间隙的大小（如旋转磁轭磁头与工件面的间隙、极间磁轭接触板与工件间的非磁物厚度等）。在半自动化检测中，工件的置入方式、磁场的施加都应有明确的规定。

磁化电流的调节方法也应该进行规定。对变截面工件，一般是由小到大进行检查。

在每班磁化操作前，应用试块或试片对检测系统进行综合性能检查。

（3）磁悬液施加 磁悬液施加有喷淋、浇洒、浸渍和刷涂等多种方式。工艺中应根据产品特点和磁化方法明确施加方式。对大件进行局部检测检查，多用浇洒和刷涂方式；固定式工件整体磁化多用喷淋方式；小工件剩磁检测常用浸渍方式。值得注意的是半自动化检测时磁悬液常采用多喷头施加方式，这时应注意调整各喷头的角度，使得工件的各个检查面上都能有磁悬液的覆盖。

（4）观察与记录 磁粉检测的观察与记录应由专业人员进行。观察条件（如照明器材）应在工艺中进行规定。必要时，对缺陷的观察与记录方式也应作规定。对一些典型缺陷，除了文字笔录外，还应该拓取磁痕样品。其规定及方法也应该在检验规程中列出。

（5）缺陷评价 缺陷评价应由Ⅱ级及以上磁粉检验人员进行。按照验收标准并结合缺陷的磁痕显示进行评定。对于不确定的缺陷显示，可加大电流进行磁化观察，必要时可借助其他手段进行分析。

（6）退磁 退磁设备和方式应在检测工艺条件中进行规定。退磁磁场应该大于磁化时的磁场。GJB 2028 对零件退磁作了一定的要求。规定零件退磁后，用毫特斯拉计在零件任何部位上所测得的剩磁，除非另有规定，不得大于 0.3mT。

（7）后处理 检测退磁后的工件要进行后处理。需要清洗的工件要规定清洗要求。对检测后的不合格工件工艺规程要明确标记和存放办法。

5. 其他条件的规定

（1）人员 在工艺规程中应明确规定检测的人员资格。磁粉检测人员必须是取得磁粉检测技术资格的人员。按照 GJB 9712 的规定，Ⅰ级人员只能在Ⅱ级或Ⅲ级人员的监督下从事检测操作与记录，不负责检测方法或检测技术的选择。Ⅱ级人员才有资格按所制定的或经认可的无损检测规程，执行和指导无损检测，才能进行缺陷评判和出具检验报告。Ⅲ级人员除具有Ⅰ、Ⅱ级人员的所有能力外，还能够组织并实施无损检测的全部技术工作，编制、审核和批准无损检测规程等。

（2）环境和安全 磁粉检测的环境和安全应在工艺规程中进行规定，如照明、通风等。在一些有特殊要求的地方，如火工产品区域、野外高空等场所，应明确环境安全的要求。

（3）质量控制 质量控制应贯穿在整个工艺规程中。但对一些特殊的要求，如设备的综合性能检查、专用试块的设定、磁悬液使用时间的控制与浓度检查等，都应该在规程中反映出来。

三、磁粉检测工艺卡的编制

磁粉检测工艺卡是一种供现场检测人员使用的工艺图表，内容与检测规程类似，更注重对检测过程的控制。

磁粉检测工艺卡是根据检测规程进行编制的，至少包括以下内容：

1）工件名称及图号。

2）工件材料及热处理规范。

3）用草图表示出工件的几何形状、磁化方向和检验部位。

4）磁粉类型（干法或湿法，荧光或非荧光磁粉）。

5）磁化电流类型。

6）检验设备。

7）磁化方法（通电法、线圈法、中心导体法等）。

8）检验方法（连续法、剩磁法）。

9）电流强度、安匝数及电流施加持续时间。

10）验收要求。

11）退磁要求。

12）磁痕记录及标志工件的方法。

13）工艺图表编号及编写日期、责任人员等。

14）其他必须注意的事项。

工艺图表的形式可根据要求自行设计，表 5-1 是一种工艺图表。编写时除对表中内容认真填写外，还应对主要工作步骤进行规定。对一些使用的工装及辅助材料等也要进行说明。

表 5-1 磁粉检测工艺卡

产品代号		磁粉检测工艺卡		卡片编号	
零件代号	零件名称		零件材料	热处理	
检验工序	检验比例		表面状况	电流类型	
检验方法	磁化方法		磁化规范	试块试片	
磁化设备	退磁设备		磁粉	磁悬液	
零件示意图（受检区域及磁化方向）				产品验收技术条件	
工步号	工步名称	操作要求			辅料
1					
2					
3					
4					
5					
6					
			编制	审查	
更改代号	数量	文件号	更改人	日期	校核	批准

◈◈◈ 第三节 编制实例

为了掌握磁粉检测规程和工艺卡的编制方法，下面举例说明。

一、塔形试件的检查

塔形试件是用于抽样检验钢棒和钢管原材料缺陷的试件，磁粉检测主要为了检查发纹及非金属夹杂物。

检验塔形件时应作如下考虑：

1）钢管及钢棒轧制成形时，发纹和非金属夹杂物都是沿轴向或与轴向成一夹角，所以只进行轴通电周向磁化法（或中心导体磁化法）。

2）塔形件一般在热处理前检测，但热处理后钢材磁性差异较大时，为了更好反映材料出现的缺陷，也可以在热处理后进行检测。

3）要求检测缺陷为发纹等缺陷，一般按照标准灵敏度进行检查。但产品有要求时，也可以采用高灵敏度进行检查。试件表面经过状况较好，采用湿式连续法，荧光磁粉或黑磁粉均可。

4）磁化电流一般采用交流电。可按各台阶的直径分别计算，磁化和检验的顺序是从最小直径到最大直径，逐阶磁化检验。当直径差异不大时，也可先按照最大直径选择电流，检验塔形的所有表面，如若发现缺陷，再按相应直径规定的磁化电流磁化和检查。

5）如果磁粉检测不能对缺陷定性时，可用金相低倍试验进行验证和定性。

实例：某兵器用钢管应用于受力较大的场合。进厂检查时，由于成品应用为热处理后，为了反映材料热处理后缺陷的真实情况，对钢管进行热处理调质后检查，钢管尺寸为 $\phi80mm \times 20mm$，材料为40Cr。三个台阶直径分别为 $\phi75mm$、$\phi65mm$、$\phi55mm$，见图5-1。试分析检测工艺要求。

检测情况已如前述，现主要确定的是磁化电流规范和设备。经查磁化曲线，40Cr 热处理调质后近饱和处标准灵敏度时的磁场强度约为 $4000 \sim 4800A/m$。

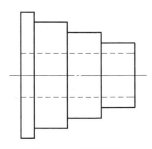

图5-1 塔形零件

因钢管在使用中受力较大，故采用 $4800A/m$，即 $15D$（D 为直径）。三台阶电流经计算分别为1125A、975A 和825A。考虑到磁化时工件电阻的影响，故选用最大电流为 2000A 的 CJ2000 型固定式磁粉检测机。因工件系车削制成，表面状况良好，仅作一般清洗处理。检测时可采用荧光磁粉或黑色磁粉湿法检查，工艺规程可根据上述情况编制。

二、连杆的检测

连杆是发动机里的重要零件，在交变应力负载下工作，杆身为危险断面。一般是在热处理后对毛坯件进行检查，机加工后的二次检测根据具体情况而定。连杆是锻造成形，以模锻为主，个别也有自由锻的。图 5-2 所示是连杆的外形图。

根据受力情况，连杆可分成三个区域，其中 I 区为杆身区，II 区为小头部分和大头内孔表面，III 区为大头部分。三个区域中以 I 区要求最为严格，II、III 区次之。在 JB/T 6721.2—2007《内燃机连杆　第 2 部分　磁粉检测》中，规定在 I 区内，除允许存在长度小于该部位长度 1/120，且小于或等于 4mm 的平行于锻件纵向轴线、不进入杆身与大小头连接处的长度大于 2mm 的磁痕一处外，不允许出现缺陷磁痕。II、III 区的磁痕也分别有所规定。

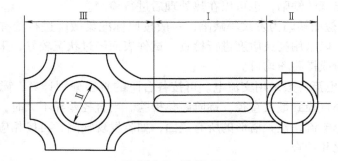

图 5-2　连杆

检查连杆的缺陷时，以锻造及热处理缺陷为主。

1）因加工操作不当引起的折叠。纵向折叠多分布在杆身部位，磁痕是纵向弧线状。横向折叠分布在杆棱上或在金属流动大的过渡区，磁痕呈一定角度的弧线状。由模具设计不合理引起的折叠多发生在杆棱的圆角部位，磁痕是纵向直线状，金相解剖与表面构成一定角度。

2）淬火裂纹多数发生在大小头的圆角根部，磁痕是清晰明显的圆弧形锻造折叠，在热处理时由于应力集中也会开裂，磁痕曲折而浓粗。

3）锻造裂纹长度不一，磁痕为浓粗的长度较长的直线或曲线。

4）发纹长度不一，有时贯穿整个连杆，沿锻造流线分布。剪切裂纹分布在连杆大小头两侧。

连杆采用调质或正火处理，材料组织的磁性相对较差，同时连杆受形状退磁因子的影响，检测工艺应采用连续法轴向通电方式进行周向磁化。纵向磁化以线圈闭路磁化进行较为方便，也可用开路线圈磁化，如图 5-3 所示。也可以采用多向磁化方法进行磁化。设备可用固定式磁粉探伤机，也可采用立式旋转多工位设备。为提高对比度和分辨率，最好采用荧光磁粉，对喷丸处理后的连杆用黑磁粉也可以得到较好的效果。由于连杆生产量一般较大，采用半自动磁化装置更能提高工作效率。

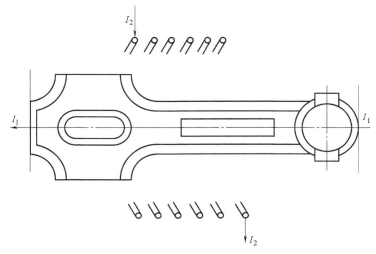

图 5-3 连杆磁化方法示意图

连杆零件的检测规程可根据以上分析情况编写。可参考以下格式：

1）总则。包括适用范围、编制依据［用户委托书及连杆零件的设计、材料；相关行业（企业）标准］、检测人员等。

2）被检工件。名称、材质、形状简图、尺寸、表面状况、热处理等。

3）设备和器材。探伤机型号、数量、质量控制要求；磁粉型号、质量控制要求。

4）工序安排和检验比例。工序安排时间和工件受检数量。

5）检验方法。连续法或剩磁法、荧光磁粉或非荧光磁粉。

6）磁化方法。多种磁化方法分别磁化时应明确列出。

7）磁化规范。算出不同磁化方法磁化时的磁化电流值或安匝数。

8）灵敏度控制。采用试片（试块）的规格及安放部位。

9）磁粉检测操作。对操作的主要步骤进行规定。

10）磁痕评定与质量验收标准。验收标准内容及执行办法。

表 5-2 是以 JB/T 6721.2—2007 为依据编写的连杆的磁粉检测工艺卡。

三、天车吊钩磁粉检测

天车吊钩是在重力拉伸负荷应力下进行工作，容易产生疲劳裂纹，为防止吊

表 5-2　连杆的磁粉检测工艺卡

产品代号			磁粉探伤工艺			卡片代号	
零件代号	03—1	零件名称	连杆	零件材料	40Cr	热处理	调质
检验工序	机加结束	检验比例	100%	表面状况	一般	电流类型	交、直流
检验方法	连续法	磁化方法	多向复合	磁化规范	600A/200AN	试块(试片)	A30/100
磁化设备	CEW-2000	退磁设备	专用线圈	磁粉	黑	磁悬液	煤油＋变压器油

零件图(见图5-2)(受检区域及磁化方向) | 产品验收技术条件按 NJ 317 标准规定的技术条件执行

工步号	工步名称	操作要求	辅　料
1	预处理	去除表面氧化皮、毛刺等,用煤油清洗	煤油、砂布
2	磁　化	按复合磁化要求进行(工作前综合性能检查)	专用工具
3	施加磁悬液	电液泵喷淋	煤油、变压器油
4	检　查	取下检查,按检验规程要求进行记录	
5	退　磁	交流线圈退磁。剩磁检验不大于 0.3mT	JXC—2 磁强计
6	后处理	清洗干净,按要求分类	

					编制		审查	
					校核		批准	
更改代号	数量	文件号	更改人	日期				

钩断裂造成重大事故,所以使用后应定期进行磁粉探伤。检查前应清除掉工件表面的油污和铁锈,检查横向疲劳裂纹最好采用绕电缆法,也可用交流磁轭法检验横向缺陷。检验纵向缺陷可采用触头法,应避免打火烧伤。检验时用湿法连续法,最好使用灵敏度高的荧光磁粉。

天车吊钩磁粉检测示意图见图 5-4。

天车吊钩磁粉检测规程可按如下格式编制:

1. 适用范围

本规程适用于天车吊钩的磁粉检测。

2. 编制依据

1)委托书、天车吊钩的设计、制造和使用资料。

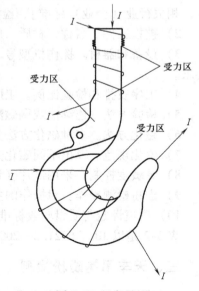

图 5-4　天车吊钩

2）JB/T 4730—2005《承压设备无损检测》。

3. 检测人员

应取得国家相关部门颁发的磁粉检测Ⅱ级或Ⅲ级资格证书，矫正视力不得低于 1.0，不得有色盲和色弱。

4. 被检工件

起重天车吊钩，材质为 30CrMnSiNi2A，形状如图 5-4 所示。尺寸为 $\phi 80mm \times 500mm$，表面喷漆，表面粗糙度值为 $Ra3.2\mu m$，热处理 $\delta_b = 1670kN/mm^2$。

5. 设备和器材

1）设备：CJX-1 或 CY3000 型探伤机一台，质量控制符合 JB/T 4730—2005 的要求。

2）器材：Yc2 荧光磁粉，LPW-3 油基载液，荧光磁悬液。质量控制应符合 JB/T 4730.4—2005《承压设备无损检测 第 4 部分：磁粉检测》的要求。

6. 工序安排和检验比例

1）工序安排：使用后定期检验吊钩的疲劳裂纹。

2）整个工件 100% 检验。

7. 检验方法

荧光磁粉湿法剩磁法和湿法连续法。

8. 磁化方法

1）将电缆线缠绕在吊钩上纵向磁化。

2）将支杆触头与吊钩两端接触，用触头法磁化。

9. 磁化规范

1）绕电缆法：$N = 10$ 匝，$I = 450A$。

2）触头法通电：$I = 2000A$。

10. 灵敏度控制

使用 7/50 或 15/100 的 A 型试片进行综合性能试验，控制灵敏度。

11. 磁粉检测操作

吊钩螺纹及载重半圆形处受力最大，具体操作如下

1）预处理：清除掉吊钩表面的油漆、铁锈和污物，露出金属光泽。

2）磁化：用触头法在吊钩两端头磁化，检验纵向缺陷。后用缠绕电缆法磁化检验吊钩半圆处和螺纹根部横向缺陷，这是最关键的。

3）施加磁悬液：用喷洒法施加荧光磁悬液。检验螺纹根部时宜用低浓度磁悬液，多喷洒几次。

4）检验：检验螺纹根部时用湿法剩磁法，检验吊钩半圆受力部位时用湿法连续注，观察磁痕应在暗区进行，紫外线辐照度应不小于 $1000\mu W/cm^2$，暗区环境光应不大于 20lx，必要时用 5 ~ 10 倍放大镜观察细小缺陷磁痕。

5）退磁：用绕电缆法自动衰减退磁，退磁后吊钩剩磁应不大于 0.2mT（或 160A/m）。

6）后处理：清除掉吊钩上的磁粉。

7）检验报告：按 JB/T 4730.4—2005 第 10 条执行。

12. 磁痕评定与质量验收标准

1）磁痕评定按 JB/T 4730.4—2005 第 5 条执行。

2）质量验收标准按 JB/T 4730.4—2005 第 9 条执行，缺陷显示累积长度的合格等级按 1 级。

吊钩的磁粉检测工艺卡可以根据检验规程进行编制。

复习思考题

1. 什么是磁粉检测工艺规程？它的主要用途是什么？

2. 什么是磁粉检测工艺卡？磁粉检测工艺卡根据什么来编写？

第 六 章

磁痕分析与评定

 培训学习目标

1. 了解影响磁痕显示的因素。
2. 熟悉磁痕显示的分类，能够正确判断缺陷磁痕并按照有关标准正确评定。

◈◈◈ 第一节 磁痕分析

　　磁粉检测是根据被磁化的工件表面磁粉所形成的痕迹（磁痕）作判断的。实际上，形成磁痕的原因可以是多方面的，并不是只有缺陷才会引起磁粉聚集形成磁痕，所以检测中必须对形成的磁痕作出可靠的分析，检出缺陷，而又不至于漏判、误判。磁粉检测中通常把磁痕分成三类：由缺陷漏磁场产生的磁痕称为相关磁痕；由非缺陷漏磁场产生的磁痕称为非相关磁痕；由其他原因（非漏磁场）产生的磁痕称为假磁痕。磁痕分析首先是要排除假磁痕和非相关磁痕，然后根据缺陷磁痕的特征，判别缺陷的种类。

一、假磁痕（伪显示）

假磁痕的形成不是由于磁力的作用，它是由以下原因产生的：

1）工件表面粗糙，在凹陷处会滞留磁粉，如在铸造表面、机械加工的粗糙表面、焊缝两侧凹陷处容易产生这种现象。

2）工件表面氧化皮、锈蚀和油漆斑点、剥落处边缘容易滞留磁粉。

3）工件表面存在油脂、纤维等脏物，都会粘附磁粉。

4）磁悬液浓度过大、施加磁悬液方式不当，都可能造成假磁痕。

假磁痕的磁粉堆积比较松散，在分散剂中漂洗可失去磁痕。如果是工件表面状态引起的假磁痕，可在工件表面上找到其原因。其他原因引起的假磁痕，应当擦去磁痕，对其进行校验时原来的假磁痕一般不会重复出现。

二、非相关磁痕（非相关显示）

非相关磁痕由漏磁场产生，但它不是有害缺陷的漏磁场，其产生的原因有以下几方面：

1. 工件截面突变

工件截面的变化会改变工件内部磁力线的分布，在工件上的孔洞、键槽、齿条等部位，由于截面缩小，迫使一部分磁力线溢出工件，形成漏磁场。图 6-1 所示为轴套上键槽引起的非相关磁痕，这种磁痕呈松散的带状分布，宽度与键槽宽度大致吻合。如果有多条键槽，外表将会按键槽的分布规律出现多条对应的磁痕。在齿轮的齿根和螺纹的根部容易出现这种非相关磁痕，甚至遍及整个根部，应注意的是由于根部的结构原因，这时的磁痕不再是松散、带状分布，而与裂纹的磁痕很难区别，所以在根部判别缺陷磁痕时，一定要认真、仔细地排除这种非相关磁痕。

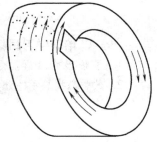

图 6-1　轴套上键槽引起的
非相关磁痕示意图

2. 工件磁导率不均匀

工件磁导率的差异会产生漏磁场，这是由于低磁导率处难以容纳高磁导率处同样多的磁通量而穿出表面所致。它将产生宽松、浅淡和模糊的磁痕。导致材料磁导率不均匀的原因是多方面的，一般在下列位置易于产生这种磁痕：冷作加工后未经热处理的材料，在变形最大的冷作硬化区边缘；局部淬火工件的不同热处理状态的交界处；两种钢材焊接交界处；被检试件材料具有组织差异的部位；焊条金属与母材有磁性差异的焊缝；工件中有残余应力存在的部位等。

3. 磁写

已被磁化的工件如与铁磁性材料接触、碰撞，在接触、碰撞部位会有磁力线溢出工件表面，形成漏磁场，它所形成的磁痕称为磁写。这种磁痕一般是松散、模糊的，线条不清晰，但如果有尖锐的磁性利器在已磁化的工件上划一下，会产生近似于条状缺陷磁痕的显示。磁写可以沿工件任何方向出现。磁写在工件退磁后的重新磁化校验中一般不会再出现。

4. 磁化电流过大

磁化电流过大会使工件过度饱和，这时磁通密度超越了材料能够容纳的极限值，多余的磁通将溢出工件表面，形成杂乱显示。这种磁痕最容易出现在截面变化处，端角和使用支杆法时的支杆接触部位附近，磁痕一般不连续地分散分布，其走向大多与材料的金属流线一致。

非缺陷性质的磁痕在实际检测中还有一些，这些磁痕较为共同的特点是磁痕模糊、松散，痕迹不分明。只要结合工件的结构、形状、表面状态和热护理工艺等，是能够找到它们的产生原因并加以正确判断的。

三、相关磁痕（相关显示）

工件加工方法很多，工艺过程各异，产生的缺陷种类和特征各不相同，磁粉检测中常见的缺陷有裂纹、发纹、折迭、白点、夹杂和疏松。实际工作中，一般需根据制造工艺和磁痕的特征来判断缺陷的种类（定性）。下面简单介绍常见缺陷的产生、规律和磁痕特征。

1. 裂纹

裂纹是材料承受的应力超过其强度极限引起的破裂，裂纹的危害极大，常常起到破坏作用，原材料裂纹见图6-2。裂纹的种类很多，根据成因不同，分为锻造裂纹、铸造裂纹、热处理裂纹、焊接裂纹、磨削裂纹和疲劳裂纹、应力腐蚀裂纹等。裂纹的磁痕一般磁粉堆积浓密，沿裂纹走向显示清晰，磁痕中部稍粗，端部尖细。

图6-2 原材料裂纹

锻造裂纹是加热、锻造、冷却等工艺条件不当或原材料自身缺陷引起的，容易出现在锻造比大和截面突变处。锻造裂纹一般都比较严重，有尖锐的根部或边缘，磁痕浓密清晰，呈折线或弯曲线状，严重的在抹去磁痕后肉眼可以观察到裂纹，铸造冷裂纹见图6-3。

图6-3 铸造冷裂纹

淬火裂纹是由工件高温快速冷却时热应力与组织应力超过了材料的抗拉强度引起的。淬火裂纹多出现在应力集中部位（如孔周、截面突变处等），大部分是由外表向内裂入，有较大的深度。磁痕中部较粗，两头尖细而弯曲，棱角较多，磁粉堆积比较高，轮廓清晰。

焊接裂纹根据形成机理的不同可分为热裂纹（700～1000℃凝固，相变过程中产生）和冷裂纹（300℃以下产生）。热裂纹主要由焊接工艺不当和热胀冷缩引起；冷裂纹主要由组织应力、残余应力和焊接中残留的氢的作用等原因单独或共同诱发的。焊接裂纹产生在焊缝和母材中的热影响区，有纵向裂纹、横向裂纹，还有星状的火口裂纹。焊接裂纹的长度、深度和形状不一，两头尖细，多有弯曲。冷裂纹会产生枝裂现象，往往尺度也较大，热裂纹则反之。焊接裂纹的磁痕一般浓密，清晰可见，有直线状、弯曲状和辐射状等。

磨削裂纹是对高硬度工件表面进行磨削产生的裂纹，主要由磨削工艺不当（磨削量、磨削速度、冷却等原因）引起。磨削裂纹一般尺度都较小，出现在磨削面上，往往不是单个出现，会形成网状、放射状等形状，以垂直于磨削方向的居多。磨削裂纹的磁痕大都浅而细，磁粉堆积集中，轮廓较清晰。

疲劳裂纹是工件在交变应力的长期作用下形成、扩展的。钢中的冶金缺陷、加工产生的划伤或刀痕等都可能成为疲劳源，引起疲劳裂纹。疲劳裂纹以表面裂纹为多见，通常垂直于主应力方向，磁痕浓密，中间大，对称地向两边延伸，两端尖细，轮廓清晰可见。

应力腐蚀裂纹是在应力和腐蚀的长期双重作用下产生的裂纹，应力腐蚀裂纹都起源于工件表面，方向与主应力垂直，它的深度、长度往往比较大，最严重的是晶界裂纹，会沿晶枝裂、扩展，深度虽然比较大，但裂纹宽度很小，肉眼根本无法看到，它是压力容器、管道等装置中具有严重危害程度的一种缺陷。它的磁痕浓密，轮廓清晰，多有棱角，磁痕呈折线状，粗细比较均匀。

磁粉检测是发现各种表面裂纹效果最好的方法之一，不管它们的成因有多大差别，但磁粉堆积密集，轮廓清晰，容易发现。如果是内部裂纹，随着与表面距离的增大，磁痕将逐步松散，吸附的磁粉量降低，宽度变大，轮廓趋向模糊。

2. 发纹

发纹是原材料中的一种常见缺陷，钢中的非金属夹杂、气孔在轧制、拉拔过程中随金属变形伸长形成细细的发纹。发纹通常沿着金属流线方向，深度浅，宽度小，呈直线状。磁痕细而均匀，有时呈断续状，尾部不尖，抹去磁痕，肉眼不可见。由于发纹是细微开裂，它对材料力学性能的影响比裂纹要小得多，它的边缘不像裂纹那样呈尖锐状，不容易扩展，所以它的危害程度比裂纹要小得多，检测中不可将两者同等对待。

3. 折迭

折迭是锻件中的常见缺陷，它的特征是一部分金属被卷折、搭迭在另一部分金属上。折迭在外形上往往不规则，由于与表面成锐角，走向倾斜，漏磁场较弱，磁痕不会太浓密，有时断续，轮廓不很清晰。

4. 白点

白点是对钢材危害很大的内部缺陷，在钢材的纵断面上呈银白色斑点，故称白点，见图6-4。它的成因是：钢材在热加工后随着温度的降低，氢的溶解度显著减少，过饱和的氢来不及从钢中析出，合成分子氢滞留在显微间隙或疏松中，形成巨大的内部压力，当压力超过钢的强度时就形成了近似圆片状的裂纹，白点容易产生在含镍、铬、锰的合金结

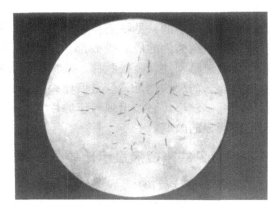

图6-4 白点（横断面）

构钢中，白点的产生还与材料的尺度有关，横截面尺度越大，产生白点的可能性也越大。

经机械加工后工件表面上的白点磁痕清晰，在横截面上是不同方向的细小裂纹，通常不以单个出现，长度不大，较长的只有几毫米，以辐射状多见，磁痕中部略粗，两头尖细。

5. 未焊透

母材金属为熔化，焊缝金属没有进入接头根部称为未焊透。它是由于焊接电流小，母材未充分加热和焊根清理不良等原因产生的，磁粉检测只能发现埋藏浅的未焊透，磁痕松散、较宽，见图6-5。

6. 气孔

焊缝上的气孔是在焊接过程中气体在熔化金属冷却之前来不及逸出而保

图6-5 未焊透

留在焊缝中的孔穴，多呈圆形或椭圆形。它是由于母材金属含气体过多，焊条药皮或焊剂潮湿等原因产生的。有的单独出现，有的成群出现，其磁痕显示与气孔相同。

7. 夹杂

夹杂是冶炼、铸造、焊接等工艺的一种常见缺陷，是工艺或操作不当而残留在工件中的非金属或金属氧化物，可以是单个，也可以成群出现，一般呈分散的点状或短直线状。磁痕较浅，不是很清晰。

8. 疏松

疏松是铸件中的常见缺陷，它是在冷凝过程中得不到足够的补缩而产生的孔洞。通常产生在铸件的最后凝固部位（如浇冒口附近或工件尺寸较大的部位）。疏松分条状疏松和片状疏松两种，条状疏松实质上是细微分散或直线状排列的小孔，磁痕外形与裂纹相近，但磁痕比裂纹淡，宽度比裂纹大，两端不出现尖角。片状疏松漏磁较小，磁痕出现稀疏的片状，有一定面积，当改变磁化方向时，磁痕会出现明显的改变。

四、常见缺陷磁痕显示比较

1. 发纹和裂纹缺陷

发纹和裂纹缺陷虽然都是磁粉检测中最常见的线性缺陷，但对工件使用性能的影响却完全不同，发纹缺陷对工件使用性能影响较小，而裂纹的危害极大，一般都不允许存在。因此对它们进行对比分析，提高识别能力十分重要，其对比分析见表6-1。

表6-1　发纹和裂纹缺陷的对比分析

缺陷 / 对比内容	发　纹	裂　纹
产生原因	发纹是由于钢锭中的非金属夹杂物（和气孔）在轧制拉长时，随着金属变形伸长形成类似头发丝细小的缺陷	裂纹是由于工件淬火、锻造或焊接等原因，在工件表面产生的窄而深的V字形破裂或撕裂缺陷
形状、大小和分布	发纹缺陷都是沿着金属纤维方向，分布在工件纵向截面的不同深度处，呈连续或断续的细直线，很浅，长短不一，长者可达到数十毫米	裂纹缺陷一般都产生在工件的耳、孔边缘和截面突变等应力集中部位的工件表面上，呈窄而深的V字形破裂，长短不一，通常边缘参差不齐，弯弯曲曲或有分岔
磁痕特征	磁痕均匀清晰而不浓密，直线形，两头呈圆角	磁痕浓密清晰，弯弯曲曲或有分岔，两头呈尖角
鉴别方法	（1）擦掉磁痕，发纹缺陷目视不可见 （2）在2～10倍放大镜下观察，发纹缺陷目视仍不可见 （3）用刀刃在工件表面沿垂直磁痕方向来回刮，发纹缺陷不阻挡刀刃	（1）擦掉磁痕，裂纹缺陷目视可见，或不太清晰 （2）在2～10倍放大镜下观察，裂纹缺陷呈V字形开口，清晰可见 （3）用刀刃在工件表面沿垂直磁痕方向来回刮，裂纹缺陷阻断刀刃

2. 表面缺陷和近表面缺陷

表面缺陷是指由热加工、冷加工和工件使用后产生的表面缺陷或经过机械加工才暴露在工件表面的缺陷，如裂纹等，有一定的深宽比，磁痕显示浓密清晰、瘦直，轮廓清晰，呈直线状、弯曲线状或网状，磁痕显示重复性好。

近表面缺陷是指工件表面下的气孔、夹杂物、发纹和未焊透等缺陷，因缺陷处于工件近表面，未露出表面，所以磁痕显示宽而模糊，轮廓不清晰。磁痕显示与缺陷性质与埋藏深度有关。

◇◇◇ 第二节 显示的评定

磁粉检测显示的解释就是确定所发现的显示是假显示、非相关显示，还是相关显示。显示的评定就是对材料或工件的相关显示进行分析，按照既定的验收标准确定工件验收还是拒收（排除或报废）。下面举例说明锻钢件、铸钢件、焊缝和轧制产品的验收标准。

一、锻钢件的验收标准

关于锻钢件的验收标准这里只介绍《锻钢件无损检测标准》第 1 部分磁粉检测 EN10228-1：1999

1. 与质量分级有关的表面条件

对于各个质量等级，要检查的表面粗糙度必须符合表 6-2 的要求。

表 6-2 各质量等级的表面粗糙度要求

表面粗糙度值	质量等级[2]			
Ra[1]$/\mu m$	1	2	3	4
6.3 ~ 12.5	×	×		
≤6.3	×	×	×[3]	×[4]

① 表示轮廓的算术平均偏差；
② 表明对于规定表面粗糙度能得到的质量等级；
③ 不能应用于检查加工公差大于每面 3mm 的表面质量等级；
④ 不能应用于检查加工公差大于每面 1mm 的表面质量等级。

对于一般应用，质量等级 1 级和 2 级应该可以适用。对于模锻，质量等级 3 级应是最低要求，质量等级 4 级是最严格的。表面可通过喷砂清理、喷丸或打磨清理。

在检查前，有关质量等级应在委托方与被委托方之间达成一致。

2. 质量等级的记录标准和验收标准

如果委托方与被委托方一致同意，可使用表 6-3 规定的记录标准或验收标准（也可有所不同）。

表 6-3　质量等级的记录标准和验收标准

参　　数	质量等级			
	1	2	3①	4②
记录标准:最小显示长度/mm	5	2	2	1
单个显示的最大允许长度 L 及连续显示的最大允许长度 L_g/mm	20	8	4	2
在参考表面内累计显示的最大允许长度/mm	75	36	24	5
在参考表面内显示的最大允许数目	15	10	7	5

1. 单个显示:周边没有任何其他显示或有其他显示,但其间距大于两个显示中较长者长度的 5 倍时,该显示被看成单个显示。
2. 连续显示:两个(或多个)排列在一起的显示,为了评估应将其视为一个连续长度,当它们的间距小于 5 倍较长显示的长度时,连续显示的长度为显示长度加间距。
3. 累计长度是参考表面范围(148mm×105mm 或等于 A6 尺寸)内所有显示的总长度。在锻件中的连续显示通常是线性的。此欧洲标准仅考虑线性显示,即长度至少是宽度的三倍。
① 不能应用于检查加工公差大于每面 3mm 的表面质量等级;
② 不能应用于检查加工公差大于每面 1mm 的表面质量等级。

3. 缺陷的消除

不符合验收标准的显示应视为缺陷。消除缺陷后应进一步进行磁粉检测,只要锻件的尺寸仍然在指定的公差内,缺陷应通过磨削和加工消除。磨削消除缺陷应在垂直于此缺陷的方向进行,以这种方式保证最终凹穴与残留表面的过渡。

二、铸钢件的验收标准

关于铸钢件的验收标准可参考 GB/T 9444—2007《铸钢件磁粉检测》。

1. 与质量等级相适应的表面状况条件

铸钢件各被检区域的表面状况要求,应在询价或订货时列入协议内容。被检表面状况应与所要求的质量等级相适应。表面状况的等效性见表 6-4。

表 6-4　表面状况等效性(指南)

表面状况	精密				光滑				粗糙
表面粗糙度值 Ra/μm	1.6	3.2		6.3	12.5		25		>25
表面处理方法	精磨,精密研磨	精密喷丸	精磨,精密切削,研磨	光滑喷丸,熔模铸造	光滑磨削	光滑喷丸,精密铸造(陶瓷型)	打磨光滑加工	光滑喷丸,(壳型或陶瓷型)精密铸造	打磨粗加工 中度喷丸 粗糙处理 砂型铸造

2. 缺陷磁痕和质量等级要求

（1）缺陷磁痕　缺陷磁痕分为线型磁痕、点线型磁痕、非线性簇状磁痕三类，它与各类缺陷相对应，见表6-5。

表6-5　磁痕类型与缺陷特征

磁力线在最佳方向通过获得的磁痕	缺陷特征	类型	定义
非线性簇状	气孔	SM	$L < 3b$
点线型	点蚀坑	AM	$d \leqslant 2$
非线性簇状	砂眼	SM	$L < 3b$
点线型	夹杂物	AM	$d \leqslant 2$
线型		LM	$L \geqslant 3b$
非线性簇状	缩孔（缩松）	SM	$L < 3b$
点线型		AM	$d \leqslant 2$
线型	热裂纹	LM	$L \geqslant 3b$
点线型		AM	$d \leqslant 2$
线型	裂纹	LM	$L \geqslant 3b$
点线型		AM	$d \leqslant 2$
线型		LM	$L \geqslant 3b$
非线性簇状	芯撑	SM	$L < 3b$
点线型		AM	$d \leqslant 2$
线型		LM	$L \geqslant 3b$
非线性簇状	冷铁	SM	$L < 3b$
点线型		AM	$d \leqslant 2$
线型	冷隔	LM	$L \geqslant 3b$
点线型		AM	$d \leqslant 2$

注：L为显示长度，b为显示宽度，d为相邻两个显示边缘之间的距离（mm）。

（2）质量等级　根据表6-6可知质量等级定为7个等级。对应所要求的质量等级，磁粉检测必须在符合规定的表面上进行。即精密（表面粗糙度值为$Ra1.6\mu m$、$Ra3.2\mu m$、$Ra6.3\mu m$）、光滑（表面粗糙度值为$Ra12.5\mu m$）和粗糙（表面粗糙度值大于$Ra25\mu m$）。

线型或点线型磁痕的最大允许长度随铸件截面厚度而变化，分别规定了三个厚度级别：

$$\delta \leqslant 16\text{mm}$$

$$16\text{mm} < \delta \leqslant 50\text{mm}$$

$$\delta > 50\text{mm}$$

表6-6给出了最小长度，相应等级中短于该长度的磁痕不予考虑。

当呈现相同的非线型簇状磁痕，或长度相同、形貌相似的线型磁痕时评定为磁痕相等。规定的磁痕类型仅起指导作用。在计算累加长度时，要把点线型磁痕和非点线型磁痕都考虑在内。

表 6-6　各质量等级的验收标准

质量等级	001	01	1	2	3	4	5
观察方法	放大镜或肉眼①		肉眼	肉眼	肉眼	肉眼	肉眼
放大倍数	≤3		1	1	1	1	1
应考虑的最小磁痕长度/mm	0.3		1.5	2	3	5	10
非线性簇状磁痕(SM)② 总面积/mm²			10	35	70	200	500
非线性簇状磁痕(SM)② 单个磁痕长度/mm	1	1	2③	4③	6③	10③	16③
线型磁痕(LM)④或点线型磁痕⑤ 磁痕类型	单个或累加	单个或累加	单个 / 累加	单个 / 累加	单个 / 累加	单个 / 累加	单个 / 累加
δ≤16mm	0	1	2 / 4	4 / 6	6 / 10	10 / 18	18 / 25
16mm＜δ≤50mm	0	1	3 / 6	6 / 12	9 / 18	18 / 27	27 / 40
δ＞50mm	0	2	5 / 10	10 / 20	15 / 30	30 / 45	45 / 70
实例应用	航空航天制造 熔模铸件、特殊应用		根据表面和用途的其他铸件				

注：本表将最大面积（单位为 mm²）和最大长度（单位为 mm）限定在 ISO　A6—105×148 的评定框内。

① 允许采用带目镜测微尺的放入仪。

② 非线性簇状磁痕（SM）：$L<3b$，式中 L 是较大磁痕的长度，b 是较大磁痕的宽度。

③ 允许有不超过 2 个表中划定长度的磁痕。

④ 线型磁痕（LM）：$L≥3$。

⑤ 点线型磁痕（AM）：至少含有三条由最大为 2mm 的间隙隔离的线型或非线性簇状磁痕。

（3）检测结果评定　将 105×148 的评定框放置在待评定磁痕的最严重部位。如果被评定的磁痕小于或等于订货单或合同中规定的质量等级，则认为检测合格。

三、焊缝的验收标准

关于焊缝的验收标准这里只介绍 JB/T 6061《无损检测焊缝磁粉检测及验收等级》。

1. 与验收等级相匹配的表面状况

表面为焊后状况，必要时可用砂纸或局部打磨来改善表面状况。检测介质按优先顺序给出。表 6-7 给出了推荐的检测参数。

表 6-7　推荐的检测参数

验收等级	表面状况	检测介质
1	良好表面	荧光磁粉或彩色磁粉＋反差增强剂
2	光滑表面	荧光磁粉或彩色磁粉＋反差增强剂
3	一般表面	有色磁粉＋反差增强剂，或荧光磁粉

良好表面：盖面焊缝和母材表面光滑清洁，可忽略咬边、焊波和焊接飞溅。此类表面通常是自动 TIG 焊、埋弧焊（全自动）及用铁粉电极的手工金属电弧焊

光滑表面：盖面焊缝和母材表面光滑，轻微咬边、焊波和焊接飞溅。此类表面通常是手工金属电弧焊（平焊）、盖面焊道用氩气的 MAG 焊

一般表面：盖面焊缝和母材表面为焊后状况。此类表面是手工金属电弧焊或 MAG 焊（任意焊接位置）

2. 验收等级

检测表面的宽度应包括每侧 10mm 距离的焊缝金属和邻近母材金属。

线状显示：长度大于 3 倍宽度的显示。

非线状显示：长度小于或等于 3 倍宽度的显示。

群显示：相邻且间距小于其中较小显示主轴尺寸的显示，应作为单个的连续显示评定。群显示应按应用标准评定。

验收等级见表 6-8。

表 6-8　验收等级

显示类型	验收等级		
	1	2	3
线状显示(l 为显示长度)	$l \le 1.5$	$l \le 3$	$l \le 6$
非线状显示(d 为主轴长度)	$d \le 2$	$d \le 3$	$d \le 4$

验收等级 2 和 3 可规定用一个后级"X"，表示所检测出的所有显示应按 1 级进行评定。但对于小于原验收等级所表示的显示，其检出率可能偏低

3. 缺陷的去除

若产品的技术条件允许，可通过定点打磨减小或去除引起不可接受的显示的缺陷。返修区域应使用相同的磁化设备和技术重新检测和评定。

四、轧制产品的验收标准

轧制钢件没有统一的验收标准，目前只能借用一些材料标准。例如：

YB/T004 《初轧坯和钢坯技术条件》

YB/T 5221 《合金结构钢圆管坯》

GB/T 3077 《合金结构钢》

GB/T 3078 《优质结构钢冷拉钢材》

GB/T 10121 《钢材塔形发纹磁粉检验方法》

工件材料和它的验收标准完全由工程设计人员确定。仅用上述标准是不够

的。为此，推荐采用评定一般机械加工件的通用验收准则：

1）缺陷显示处于潜在的高应力集中处（如凹楞、螺纹、花键或键槽处）、跨接连接处，工件应拒收。

2）缺陷显示越过边缘，指示深度大于 0.25mm 或壁厚的 10% 应拒收。

3）周向缺陷与正常金属流线成一定角度，工件应拒收。

4）出现裂纹或冷隔的显示，不论在其工件的任何位置都应拒收。

5）锻造折叠或破裂、裂纹、层状型缺陷和近表面缺陷都应拒收。

6）缺陷明显使工件不适合使用，应拒收。

7）如经批准可完全去除缺陷而不超过尺寸容差可验收，但应重新检测工件，以保证缺陷确已完全去除。

五、磁粉检测质量分级

1. 磁痕分类

1）磁痕显示分为相关显示、非相关显示和伪显示。

2）长度与宽度之比大于 3 的磁痕，按条状磁痕处理；长度与宽度之比不大于 3 的磁痕，按圆形磁痕处理。

3）长度小于 0.5mm 的磁痕不计。

4）两条或两条以上磁痕在同一直线上且间距不大于 2mm 时，按一条磁痕处理，其长度为两条磁痕之和加间距。

5）缺陷磁痕长轴方向与工件（轴类或管类）轴线或素线的夹角大于或等于 30°时，按横向缺陷处理，其他按纵向缺陷处理。

2. 磁粉检测质量分级方法

（1）下列缺陷不允许存在

1）不允许存在任何裂纹和白点。

2）紧固件和轴类零件不允许任何横向缺陷显示。

（2）材料和焊接接头的磁粉检测质量分级（见表6-9）

表 6-9　材料和焊接接头的磁粉检测质量等级

等级	线性缺陷磁痕	圆形缺陷磁痕（评定框尺寸为 35mm × 100mm）
Ⅰ	不允许	$d \leqslant 1.5$，且在评定框内不大于 1 个
Ⅱ	不允许	$d \leqslant 3.0$，且在评定框内不大于 2 个
Ⅲ	$l \leqslant 3.0$	$d \leqslant 4.5$，且在评定框内不大于 4 个
Ⅳ		大于Ⅲ级

注：l 表示线性缺陷磁痕长度（mm）；d 表示圆形缺陷磁痕直径（mm）。

（3）受压加工部件的磁粉检测质量分级（见表6-10）

表 6-10　受压加工部件的磁粉检测质量等级

等级	线性缺陷磁痕	圆形缺陷磁痕 （评定框尺寸为 2500mm^2，其中一条矩形边长最大为 150mm）
Ⅰ	不允许	$d \leqslant 2.0$，且在评定框内不大于 1 个
Ⅱ	$l \leqslant 4.0$	$d \leqslant 4.0$，且在评定框内不大于 2 个
Ⅲ	$l \leqslant 6.0$	$d \leqslant 6.0$，且在评定框内不大于 4 个
Ⅳ		大于Ⅲ级

注：l 表示线性缺陷磁痕长度（mm）；d 表示圆形缺陷磁痕直径（mm）

（4）综合评级　在圆形缺陷评定区内同时存在多种缺陷时，应进行综合评级。对各类缺陷分别评定级别，取质量级别最低的作为综合评级的级别；当各类缺陷的级别相同时，则降低一级作为综合评级的级别。

复习思考题

1. 磁痕分析与评定的重要意义是什么？
2. 磁粉检测出现假显示的情况有几种？
3. 磁粉检测出现非相关显示的情况有几种？
4. 疲劳裂纹可分为哪几种？磁痕特征是什么？
5. 锻钢件的质量等级分几种？它们对表面粗糙度的要求如何？
6. 锻钢件的验收标准中，什么叫单个显示和连续显示？
7. 铸件的验收标准中分为几个质量等级？如何对铸件质量等级进行评定？
8. 焊缝的验收标准中分为几个质量等级？对表面状况的要求如何？

第 七 章

质量控制及安全防护

 培训学习目标

1. 了解磁粉检测的质量要求。
2. 掌握磁粉检测的安全要求。
3. 能够编制磁粉检测的质量控制规范。

◇◇◇ 第一节　磁粉检测的质量管理

一、磁粉探伤质量的判断依据

磁粉探伤是保证产品质量的一种重要检测手段，严格的质量控制是确保检测正确的有力措施。判定磁粉探伤质量有三个重要依据，即探伤的灵敏度、分辨率和可靠性。

1. 灵敏度

磁粉探伤的灵敏度是指采用的探伤方法所能查找缺陷的能力。不同的方法其灵敏度也有所不同，如周向磁化能发现纵向缺陷的能力最高，交流磁化对表面缺陷也有很高的灵敏度等。同样，不同的磁化规范发现的缺陷也不同，严格磁化规范能检查到的缺陷最小，放宽规范一般只检查大的缺陷。另外，检验方法中湿法较干法的灵敏度高。

磁粉探伤使用的灵敏度是绝对灵敏度，即以所发现的最小缺陷的磁痕显示为尺度。在探伤中并不是灵敏度越高越好。灵敏度提高，相应探伤分辨率和细微缺陷的再现性可能降低。因此，只要在满足产品质量要求的前提下有适当的灵敏度就行了，不必追求过高的灵敏度，以免造成误判或材料浪费。

2. 分辨率

磁粉探伤的分辨率是指可能观察到的最小缺陷以及对这些缺陷的完整描述。同灵敏度一样，不同的磁化方法、磁化规范、检验方法等都有相适应的分辨率。一般说来，灵敏度提高对细微缺陷的分辨率将降低。比如，采用严格规范磁化工件时，工件上的一些伪缺陷如金属流线等可能显示，从而影响对正常缺陷的判断。

3. 可靠性

可靠性是指磁粉探伤时细微缺陷磁痕的再现能力，它表示灵敏度和分辨率的重复性。例如，湿法磁粉检验时，磁悬液浓度是一个重要的参数。如果灵敏度和分辨率要求保持在一定的水平上，就必须对它进行适当的质量控制，否则因磁悬液浓度的差异会影响一些缺陷磁痕的再现。

二、影响磁粉探伤质量的因素

为了保证探伤结果的可靠性，必须对探伤的灵敏度和分辨率及缺陷磁痕的再现性进行控制。影响磁粉探伤质量的主要因素有环境条件、设备和仪器、检验用材料和标准试块、工艺要求、技术文件及对人员的要求等。归纳起来有四个方面：

1. 适用探伤方法的选择

选择适用的探伤方法，即控制磁粉探伤的工艺变量，包括正确分析工件的材质、磁性及加工历史，选择最能发现缺陷的磁化方法及满足检验要求的磁化规范等。在选择方法时，要很好地分析验收标准的要求，不要盲目追求过高的灵敏度或无目的地扩大缺陷检查范围。为了满足检验的要求，必要时，可采用两种或两种以上的不同磁化方法对工件实施检查。

2. 适宜设备和材料的应用

不适宜的设备和材料可以导致检验质量低劣，选择和保养好探伤设备及材料是获得优良的探伤质量的重要因素。选择设备和材料时，应当考虑设备材料的使用特点、主要性能及应用范围。要注意设备材料的定期校验与标准化，不合格的设备和材料将大大影响探伤的效果。

3. 适合的操作程序

探伤时，应对操作的程序和检验的技术加以控制。对每一步工作都应有明确的规定，防止因操作的失误引起探伤质量的降低。例如因预清洗不当造成伪缺陷磁痕，或者是磁化不足造成缺陷不能显示等。

4. 合格的操作人员

合格的操作人员对磁粉探伤的质量有着重要的影响。这里所说的合格，不仅是获得探伤的资格证书，还应当真正了解磁粉探伤，熟悉自己所进行的产品磁粉探伤的全过程，能正确检查出材料缺陷并对其作出恰如其分的评定。与此同时，操作人员还应具备一定的身体条件，即视力和体力能够满足探伤的要求。

三、磁粉探伤的质量管理

在磁粉探伤工作中，有很多变化的因素（变量）直接影响磁粉探伤工作的质量。这些变化的因素主要有三个方面：工艺变量、设备变量和应用变量。工艺变量是与基本检测手段或介质有关的变量，对磁粉探伤来说，就是磁化工件的磁场及其分布情况，被磁化工件的材料磁特性，磁粉的性能等。设备变量主要是指磁化电源装置、黑光灯等直接影响检查效果的设备。而应用变量则包括不同的磁化方法及检验方法，检验操作程序、检验人员的素质、磁痕的解释和相关标准的贯彻等。下面就磁粉探伤质量管理的主要内容进行介绍。

1. 磁粉探伤工艺变量的质量管理

工艺变量控制贯穿于整个探伤过程中。在探伤前，应对被检对象进行全面的了解，包括材质、加工历史、用途、可能出现缺陷的部位等，并根据检验的要求选择合适的磁化方法和检验程序，确定磁化规范，制定探伤工艺，并对探伤材料和设备进行规定。在探伤过程中，应严格按照技术文件的规定进行检验；探伤结束后，应按规定进行后处理和填写试验记录和签发报告。

2. 磁粉探伤设备变量的质量管理

设备变量的质量管理主要是对选定的探伤设备进行质量检查，如：对电流表和通电时间继电器进行校验、对磁化和退磁装置进行校验、对照明装置的强度（黑光或白光）进行校验等。校验按照有关标准及规定进行。电流表等计量装置由计量检定部门检定，其他装置（如磁化电源等）可参照相关标准进行。

磁粉材料及其悬浮液的质量检查也有相关标准。

3. 磁粉探伤应用变量的质量管理

应用变量管理包括在探伤过程中对磁化及检验方法、检验操作程序，检验人员的素质、磁痕的解释和相关标准的贯彻等的管理。通常在探伤时采用检查工件探伤的综合灵敏度的方法对设备、材料、方法等进行综合评定。在综合评定的基础上，按照探伤标准及工艺的要求进行检查，并按验收技术条件对缺陷磁痕进行评定。

◈◈◈ 第二节 磁粉检测的质量控制规范

GJB 4602—1992《航空维修无损检测质量控制磁粉探伤》中明确规定了磁

粉探伤质量控制应遵守的事项。下面对这一标准作简要介绍。

一、设备和仪器

1）磁粉探伤机应能满足受检材料和零部件磁粉检验的要求，并能满足安全操作的要求。探伤机可采用固定式、移动式或便携式，所提供的电流值和安匝数应能满足受检件的要求。设备夹头应能提供足够的夹持力，保证零件与夹头间有良好的接触。固定式探伤机应配备有磁悬液槽（箱），并有循环搅拌装置，槽（箱）上装有过滤网。探伤机可采用交流、直流或脉动直流。磁化电流和磁化安匝数应可调，并由指示表指示。直流或脉动直流探伤机应配备定时装置来控制零件磁化的通电时间。

2）探伤机的性能校验：电流载荷试验，每月一次；是否有短路现象的检查，每月一次；定时装置、直流分流器、电流互感器和电流表的校验，每6个月一次。校验方法按标准中规定的方法进行。

3）退磁设备主要采用空心线圈式退磁器，也可采用其他形式的退磁器。线圈式退磁器的中心磁场强度不低于受检件磁化时所用的磁场强度。直流退磁设备应配备有既能使电流反向又能同时使电流降低到零的控制器。退磁设备的校验，每半年一次。同样按标准中规定的方法进行校验。

4）光源和其他检测仪器的要求及校验。磁粉检验场地应有均匀而明亮的照明，要避免强光和阴影。采用非荧光磁粉时，受检件表面上的白光照度应不小于2000lx。当采用荧光磁粉检验时，在距紫外线灯滤光板表面380mm处，紫外线辐射照度应不低于$1000\mu W/cm^2$。照度计及紫外线辐照计每年校验一次。

其他仪器与装置也应符合标准，定期校验。校验方法应符合标准中规定的要求。

二、检验用材料和标准试块

（1）磁粉。探伤用磁粉磁性用称量法测定时，荧光磁粉应不小于5g，非荧光磁粉应不小于7g。粒度采用酒精沉淀法测定时，磁粉柱高度应不低于18cm。带颜色的荧光磁粉应呈黄绿色，非荧光磁粉应呈黑色、红色或其他指定的颜色。磁粉配制的磁悬液不应该有明显的外来物、结团或浮渣。用标准缺陷试块或环形试块按规定方法检查灵敏度时，应能清晰地显示出规定数量的孔的磁痕（标准缺陷试块在通以800~1000A交流电时显现2个孔；环形试块通以2500A直流电时显现5个孔）。另外，对荧光磁粉的衬度、稳定性以及对磁粉的采购和库存都应有明确的要求。

（2）液体分散剂。主要是油和水。它们应具有良好的分散性和润湿性，对零件无腐蚀，对人体无害。

（3）对磁悬液应按规定的方法进行定期检查。磁悬液的浓度应符合规定，不符合要求的磁悬液，要及时更换或调整。在连续工作状态下的磁悬液，也应定期更换。其中，水磁悬液和荧光磁悬液至少每 3 个月应更换一次，油磁悬液 6 个月至少更换一次。

（4）每台磁粉探伤机必须配备标准试块，用于校验系统综合灵敏度。其中标准缺陷试块用于校验交流磁粉探伤机，环形标准试块用于校验直流磁粉探伤机。在规定的使用方法和电流下，试块上应该显现出规定数目的孔的磁痕。

三、工艺要求

工艺要求是对整个检验过程进行质量控制，也就是对探伤过程的六个环节进行控制。这六个环节分别是：检验工序的安排，检验前的准备，检验条件的控制，生产过程中材料、光源和设备的控制，零件退磁，检验后零件的处理。其中：检验工序应安排在可能产生表面和近表面缺陷工序之后进行，或安排在可能掩盖缺陷出现的工序（如喷丸）前进行。检验前应使受检零件无磁性和表面清洁。所选择的检验方法、磁化方法、磁化规范等应能保证发现不同方向上的缺陷并满足验收标准的要求。每项受检件都应编制检验说明图表。生产过程中材料、光源和设备的控制按照规范中的有关规定进行。经磁粉探伤的零件均须退磁。用磁通密度计检查剩磁时，仪器偏移不应大于 1 格。经检验符合验收标准的零件，按有关规定做标记和办理交接手续；不符合验收标准的零件要单独存放，定期处理。

四、技术文件

技术文件有磁粉检验说明图表、检验记录及校验记录。磁粉检验说明图表应根据检验目录、缺陷允许标准及磁粉检验工序说明书编制，应包括零件名称、图号、工序号、材料牌号及热处理状态，检验方法（剩磁法或连续法），磁化方法（应附草图），磁化电流类型和电流数值（或磁场强度），验收标准等内容。图表应按规定程序审校和批准。

检验记录应能准确反映检验过程是否符合检验工艺说明书的要求，并具有可追踪性。内容应包括：检验日期、零件名称、图号、工序号、编号或炉批号、合格数、不合格数、缺陷特征、检验条件和检验者等。校验记录是对仪器、设备及材料校验的原始记录，内容有校验项目、结果、日期、下次校验时间等。

技术文件应按规定使用和保管。

五、人员和环境

从事磁粉检验的人员必须按有关规定进行培训和考核，取得技术资格证书。

各级人员只能从事与自己技术资格等级对应的技术工作。

另外，标准还规定了磁粉探伤的工作环境。

磁粉探伤过程涉及电流、磁场、化学药品、有机溶剂、可燃性油及有害粉尘等，应特别注意安全与防护问题，避免造成设备和人身事故，引起火灾或其他不必要的损害。

磁粉探伤的安全防护主要有以下几个方面；

1）设备电气性能应符合规定，绝缘和接地良好。使用通电法和触头法磁化检查时，电接触要良好。电接触部位不应有锈蚀和氧化皮，防止电弧伤人或烧坏工件。

2）使用铅皮做接触板的衬垫时应有良好的通风设施，使用紫外线灯时应有滤光板，使用有机溶剂（如四氯化碳）冲洗磁痕时要注意通风。因为铅蒸气、有机溶剂及短波紫外线都是对人体有害的。

3）用化学药品配制磁悬液时，要注意药品的正确使用，尽量避免手和其他皮肤部位长时间接触磁悬液或有机溶剂化学药品，防止皮肤脂肪溶解或损伤，必要时可戴胶皮防护手套。

4）干粉探伤时，应防止粉尘污染环境和吸入人体，可戴防护罩或使用吸尘器进行探伤工作。

5）采用旋转磁场探伤仪时如用380V或220V电压的电源，必须认真检查仪器壳体及磁头上的接地是否良好。同样在进行其他设备的操作时，也要防止触电。

6）使用煤油作载液时，工作区应禁止明火。

7）检验人员连续工作时，工间要适当休息，避免眼睛疲劳。当需要矫正视力才能满足要求时，应配备适用眼镜。使用荧光磁粉检验时，宜配戴防护黑光的专用眼镜。

8）在一定的空间高度进行磁粉探伤作业时，应按照规定加强安全措施。

9）在对天然气、液化石油气及气（油）罐储放区现场作业时，应按有关规程防护。同时直通电法、触头法等不适宜在此类环境工作。

10）在对武器、弹药及特殊产品进行必要的磁粉探伤检查时，应严格按有关规定办理。在火工区域、特殊化工环境等进行探伤时也应注意遵守有关安全规定。

复习思考题

1. 磁粉检测的质量判据有哪些？
2. 影响磁粉检测质量的主要因素有哪些？
3. 简述磁粉检测的质量控制规范。

第 八 章

典型工件的磁粉检测

 培训学习目标

1. 了解不同工件的缺陷产生机理、部位、类型。
2. 熟悉不同加工件的磁粉检测工艺。
3. 掌握常见焊接接头及锻钢件的磁粉检测工艺。

　　本章将着重介绍受检产品——锻、铸、焊件以及轧制件常见的缺陷和检测方法，但不涉及在以后的机械加工、热处理、矫直以及电镀等工艺过程中产生的缺陷，这些内容已在第 6 章介绍过。

◆◆◆ 第一节　锻钢件的磁粉检测

一、锻造基础知识

　　锻造是一种利用锻压机械对金属坯料施加压力，使其产生塑性变形以获得具有一定力学性能、一定形状和尺寸锻件的加工方法。与切削加工比较起来，在成形过程中金属的重量基本不变，金属颗粒在不同方向上发生移动时，都沿着阻力最小的方向进行。在锻造过程中金属的性能和组织也发生变化。锻造主要分为自由锻、模锻以及镦锻等几种。模锻又分为带飞边的开式模锻和不带飞边的闭式模锻两类。齿轮毛坯的锻造见图 8-1。

二、锻钢件的常见缺陷

　　锻钢件的常见缺陷主要有：锻造裂纹、锻造折叠、锻造过烧。在加工表面上会发现发纹、白点、夹杂、分层等。

三、锻钢件的磁粉检测

1. 预处理

要检查的表面应干净且无
氧化皮、油、油脂、加工痕迹、
厚漆层和其他会对检测灵敏度
或显示的解释有不利影响的任
何异物。表面的清洗和准备不
得危害材料表面粗糙度和检测
介质。

对于一般应用的锻钢件，
只要经喷砂、喷丸或打磨的锻

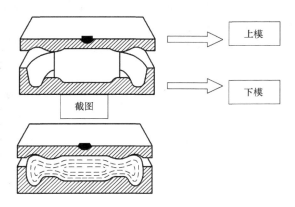

图 8-1　齿轮毛坯的锻造

造表面，或有少量的热处理氧化皮而未作专门处理的表面，缺陷可得到合适的显
示。但松动的氧化皮必须清除。

有质量等级要求的锻钢件，预处理的表面粗糙度应与检验所要求的质量等级
相适应。

2. 磁化电流类型与检测介质

除非另有规定，应采用直流电或脉动直流电，不允许采用交流电，因其对近
表面缺陷的检测能力非常有限。

允许使用干粉法和湿粉法，选择时一般以所使用的设备和受检锻件的尺寸为
依据，干粉法在较大程度上用于大锻件，湿粉法用于中小型锻件。湿粉荧光法和
非荧光法的选择也是如此。如果使用荧光法，对于中小型锻钢件在室内固定式磁
粉探伤机上容易实现，对大型锻钢件则必须在白光基本被消除的暗区接受检验。

3. 检测方法

锻钢件的检测应考虑以下几个问题：

1）由于锻钢件变形大，形状复杂，容易产生各个方向和各种性质的缺陷。
因此至少应在两个方向进行磁化。

2）应着重检测分模面，在这些位
置常见锻折叠、分层，有时经打磨后目
视仍有黑色条状痕迹，这是在"焊合"
前表面有的已经氧化或者还未氧化的
缘故。

3）对于形状简单的锻钢件，如果
批量较大，经济上又划算，还可以实现
半自动化或自动化检测。

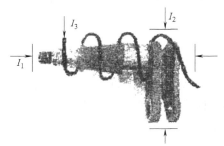

图 8-2　中小型锻钢件的检测

4）对于中小型锻钢件，可在固定式磁粉探伤机上进行通电法磁化、穿棒法磁化、线圈法磁化、磁轭法磁化等（见图8-2）。

5）对于大型锻钢件，宜在现场采用触头法或磁轭法进行局部或分区检查，如图8-3所示。

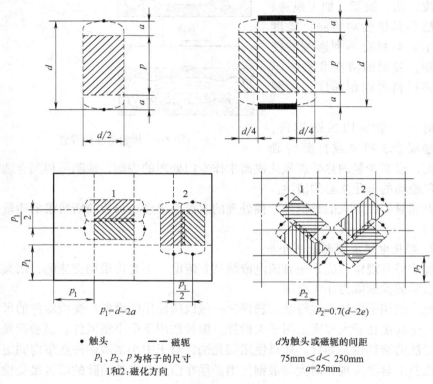

$p_1 = d-2a$

$p_2 = 0.7(d-2e)$

$\bullet$触头　——磁轭　　　　　　　　d为触头或磁轭的间距
p_1、p_2、p为格子的尺寸　　　　$75\text{mm} < d < 250\text{mm}$
1和2：磁化方向　　　　　　　　　$a = 25\text{mm}$

图8-3　大型锻钢件的分区检查

◇◇◇ 第二节　铸钢件的磁粉检测

一、铸造基础知识

铸造是把熔化的金属浇注入铸型里的工艺过程，铸型的轮廓和尺寸与所要求的工件形状相符合。根据铸型的种类，铸造有砂型铸造、壳型铸造以及熔模精密铸造等10余种。按浇注系统的类型又可分为顶注式、侧注式以及底注式等。图8-4所示是铸造过程与产生铸件缺陷的情况。由图可见，铸件金属在凝固时，它具有一种不规则的晶粒排列，也就是说铸件里的晶粒并不像锻造件和轧制件那样

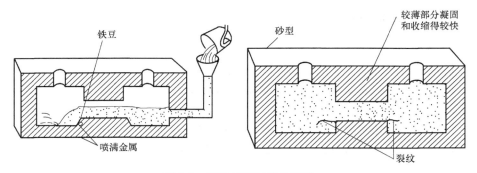

图 8-4　铸造过程与铸件缺陷

具有方向性。

　　磁粉检测经常遇到的是铸钢件和铸铁件。铸钢件分为铸造碳钢、铸造合金钢以及特殊用途的铸钢。铸钢牌号的表示方法按 GB/T 5613—1995。在铸钢牌号前面都加以 "ZG"，以表示铸钢。铸铁件的分类基本上有两种：一种是按碳在铸铁中存在的形式分为灰铸铁、白口铸铁、麻口铸铁三大类；另一种是按铸铁中碳的石墨形态不同分为灰铸铁、球墨铸铁、蠕墨铸铁、可锻铸铁四类。为满足工业上一些特殊性能的要求，还有一类称为合金铸铁或特殊性能铸铁等。

二、铸钢件和铸铁件的特点

　　铸钢件和铸铁件有许多共同点，它们都是铸造成形的，有铸造特性。与锻钢相比，晶粒排列无方向性，且一般晶粒组织比较粗大。铸件的形状都比较复杂，产生的缺陷都是原始状态，或呈立体形状居多。发现缺陷后一般允许挖（铲）焊补予以修复，特别是大型铸件更不会因为有缺陷而轻易报废，经过焊补修复后仍可以成为合格品。这种情况下，应注意两个问题：一是在挖（铲）后和焊补后均应检测合格；二是焊补区有可能产生延迟裂纹，而延迟裂纹往往与铸钢（铁）件材料的焊接特性、补焊时的环境温度、焊条有关。

　　就磁粉检测来说，铸铁比铸钢检测难度要大得多，因为铸铁中存在有渗碳体和漂浮石墨。磁粉检测铸铁件中肉眼不易看清的细长裂纹，有很高的灵敏度，但不易检测出其他缺陷，因为其他缺陷和石墨漂浮的磁粉痕迹，很难辨别清楚。残熔的芯棒，也容易产生磁痕而误判为缺陷。不过只要仔细观察，仍可识别暴露于加工表面的石墨漂浮，它为一层黑色斑，多呈不规则的开花状。

三、铸钢件的常见缺陷

　　铸钢件的常见缺陷主要有：铸造裂纹、缩孔和缩松（亦即疏松）、气孔、冷隔、夹杂，此外还有表面的点蚀坑、砂眼以及芯撑、冷铁等。

四、铸钢件的检测

1. 预处理

被检表面应清洁，无油、脂、砂、锈及任何会影响对磁粉痕迹进行正确评定的其他状况。被检表面须经喷砂或喷丸（圆形或角形丸）、磨削或切削，应与所要求的质量等级相匹配。

当使用非荧光检测介质时，检测介质的颜色应与被检表面的底色有足够的反差。也可以通过采用彩色检测介质或在被检表面涂一层反差增强剂来达到这一要求。

2. 检测方法

1）对于中小型铸件（特别是熔模精密铸件），其体积小、重量轻，加工量也少，可以在固定式磁粉探伤机上至少在两个大致垂直的方向磁化。最好采用直流或脉动直流电流，用湿法连续法检验。直接通电法、穿棒法、通磁法以及线圈法都是可以用的，十字空心铸件的检查如图 8-5 所示。

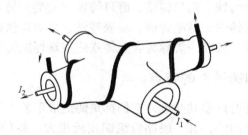

图 8-5　十字空心铸件的检查

2）对于体积较大、较重的铸件，至少在两个大致垂直的方向对局部或分区进行磁化。最好采用直流或半波整流的便携式或移动式磁粉探伤机，用触头法或磁轭法，干法连续法或湿法连续法，对铸件局部或分区进行检测。检测一般应在两个互相垂直的方向上进行。

3）为了防止烧坏与电极接触的铸件，建议采取下列措施：当触头与铸件表面未完全接触时不接通电流，当电流已经断开时才取走触头。并且采用足够清洁和适宜的触头。对于经过机械加工的光洁表面，宜采用磁轭法。

4）铸钢件由于铸造应力的影响，有些裂纹（冷裂纹）会延迟开裂，所以不应在铸造后立即检测，而应在 1～2 天后再检测。

5）铸件缺陷如果超过验收标准被拒收，而又允许挖（铲）和补焊时，补焊区域也要注意控制延迟裂纹的产生。

6）检测时应凭肉眼，只有在 001 和 01 质量等级检测时可使用不超过 3 倍的放大镜。

◇◇◇ 第三节 焊接件的磁粉检测

一、焊接基础知识

焊接是在加热（或同时加压）的条件下，利用金属在熔融状态下分子之间的结合力，把两个或几个零件连接成一个不可拆卸的整体的工艺过程。

焊接有熔焊、压焊和钎焊三大类。磁粉检测经常遇到的是熔焊。常用的熔焊方法有气焊、电弧焊、埋弧焊、电阻焊、等离子弧焊，以及特种焊接，如激光焊、电子束焊等。

焊接结构材料包括碳素钢、各种低合金钢以及不锈钢等。

焊接接头形式繁多，有对接、搭接、角接、端接与 T 型接头等。

由于几何上的不连续性，力学性能上的不均匀性，以及焊接变形与残余应力的存在，焊缝的耐高温、耐腐蚀与耐疲劳等性能都远不及母材，往往是失效的源发区，所以国内外对焊缝的性能异常与缺陷的检测都给予了很大的重视。

二、焊接件的常见缺陷

焊接件常见的缺陷主要有：焊接裂纹、未焊透与未熔合、气孔与夹渣等。

三、焊接件的检测

1. 预处理

应去除焊缝和热影响区上的氧化皮、焊渣和潮气，焊接飞溅，污物和油脂、机加工刀痕，厚实或松散的油漆和任何能影响检测灵敏度的外来杂物。清洗、吹砂或喷丸，能取得较好的效果。为了获得最大的灵敏度，在允许的情况下，将焊道机加工成与基本金属表面一样平，或者磨光焊道。至少应打磨咬边和表面不规则的地方，去除或减小焊缝的余高。但通常是使表面状况与验收等级相适应就算达到要求，在相关的标准中，磁粉检测的 1 级、2 级和 3 级验收等级的表面状况分别为良好表面、光滑表面和一般表面三类。在需要检测焊接坡口时，也需要将坡口清理干净。

2. 检测方法

对中小型焊接件一般在固定式磁粉探伤机上采用交流或脉动直流电流、湿法连续法进行检测。对于大型焊接件，例如大型无包覆层承压容器的制造检测和在役检测，可在现场用便携式或移动式设备进行检测，主要是对焊缝进行检测，因为组合前钢板已经经过超声波检测。

3. 推荐适合的检测介质

对于所有焊接件，小缺陷的检出很大程度上取决于焊缝的表面状况和所用的检测介质。对于良好表面和光滑表面宜采用荧光磁粉，对于一般表面宜采用非荧光磁粉加反差增强剂。荧光磁粉用于对中小型焊件的检测是容易实现的，对大型焊接件就像大型锻钢件、铸件一样，需要将工件的局部或全部尺寸在白光基本被消除的暗区接受检验。

大型焊接结构不同于机械零件，其尺寸、重量都很大，无法用固定式设备，只能用便携式设备分段探伤。小型焊接件，例如飞机零件，可在固定式设备上检验。用于焊缝探伤的磁化方法有多种，各有特点。要根据焊接件的结构形状、尺寸、检验的内容和范围等具体情况加以选择。大型焊缝常用磁化方法如下：

（1）磁轭法 磁轭法是在承压设备焊缝探伤中常用的方法之一。其优点是设备简单、操作方便。但是磁轭只能单方向磁化工件，因此为了检出各个方向的缺陷，必须在同一部位至少作两次互相垂直的探伤。探焊缝纵向缺陷时，将磁轭垂直跨过焊缝放置。探焊缝横向缺陷时，将磁轭平行焊缝放置。磁极连线间距 $L \geqslant 75\mathrm{mm}$，两次磁化间的两磁轭间距 $b \leqslant L/2$，提升力要符合要求。检测平板对接焊缝如图 8-6 和图 8-7 所示；检测 T 型焊缝如图 8-8 所示；检测管板焊缝如图 8-9 所示；检测角焊缝如图 8-10 所示。

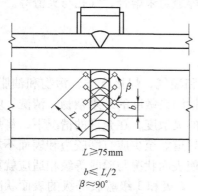

$L \geqslant 75\mathrm{mm}$

$b \leqslant L/2$
$\beta \approx 90°$

图 8-6 检测平板对接焊缝（一）

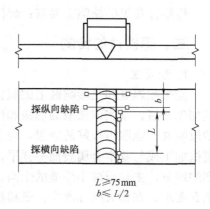

探纵向缺陷

探横向缺陷

$L \geqslant 75\mathrm{mm}$
$b \leqslant L/2$

图 8-7 检测平板对接焊缝（二）

（2）触头法 触头法也是单方向磁化的方法，也是在承压设备焊缝探伤中常用的方法之一。其主要优点是电极间距可以调节，可根据探伤部位情况及灵敏度要求确定电极间距和电流大小。探伤时为避免漏检，同一部位也要进行两次互相垂直的探伤。探焊缝纵向缺陷时，将触头平行于焊缝放置。探焊缝横向缺陷时，将触头垂直跨过焊缝放置。触头连线间距 $L \geqslant 75\mathrm{mm}$，两次磁化间的两触头

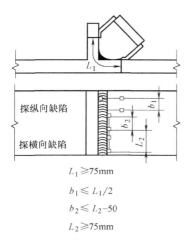

$L_1 \geq 75\text{mm}$

$b_1 \leq L_1/2$

$b_2 \leq L_2 - 50$

$L_2 \geq 75\text{mm}$

图 8-8 检测 T 型焊缝

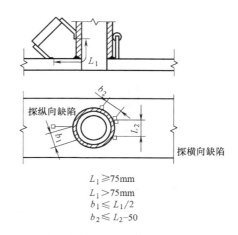

$L_1 \geq 75\text{mm}$

$L_1 > 75\text{mm}$

$b_1 \leq L_1/2$

$b_2 \leq L_2 - 50$

图 8-9 检测管板焊缝

$L_1 \geq 75\text{mm}$

$L_2 \geq 75\text{mm}$

$b_1 \leq L_1/2$

$b_2 \leq L_2 - 50$

图 8-10 检测角焊缝

间距 $b \leq L/2$。磁化电流有效值 $I \geq 5L$。触头法检测平板对接焊缝如图 8-11 和图 8-12 所示；检测 T 型焊缝如图 8-13 所示；检测管板焊缝如图 8-14 所示；检测角焊缝如图 8-15 所示。

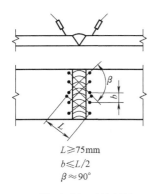

$L \geq 75\text{mm}$

$b \leq L/2$

$\beta \approx 90°$

图 8-11 检测平板对接焊缝（一）

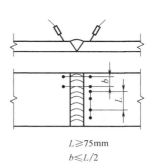

$L \geq 75\text{mm}$

$b \leq L/2$

图 8-12 检测平板对接焊缝（二）

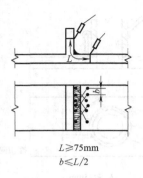

图 8-13　检测 T 型焊缝

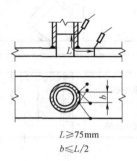

图 8-14　检测管板焊缝

（3）绕电缆法　绕电缆法用于探焊缝纵向缺陷，a 为焊缝与电缆之间的间距，$20\text{mm} \leqslant a \leqslant 50\text{mm}$。检测对接焊缝如图 8-16 所示；检测管板焊缝如图 8-17 所示；检测角焊缝如图 8-18 所示。

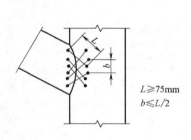

图 8-15　检测角焊缝

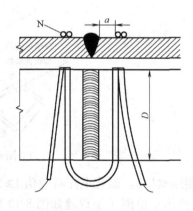

图 8-16　检测对接焊缝

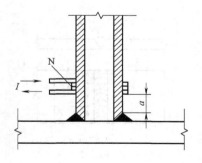

图 8-17　检测管板焊缝

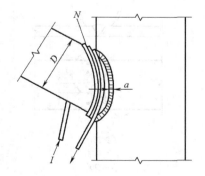

图 8-18　检测角焊缝

（4）交叉磁轭法　用交叉磁轭旋转磁场磁化的方法检验焊缝表面裂纹可以得到满意的效果。其主要优点是灵敏可靠，并且探伤效率高。目前在焊缝探伤中尤其在锅炉压力容器探伤中应用最为广泛。

使用交叉磁轭法检验焊缝时应当注意以下几个问题：

1）磁极端面与工件表面的间隙不宜过大。磁极端面与工件表面之间保持一定间隙是为了交叉磁轭能在被探工件上移动行走。如果间隙过大，将会在间隙处产生较大的漏磁场。这个漏磁场一方面会消耗磁势使线圈发热，另一方面将扩大磁极端面附近产生的探伤盲区，从而缩小探伤区。因此，在选购交叉磁轭时应当注意这个问题。一般来说，此间隙在保证能行走的情况下越小越好，如0.5mm，提升力≥118N。

2）交叉磁轭的行走速度要适宜。与其他方法不同，使用交叉磁轭时通常是连续行走探伤。而且从探伤效果来说，连续行走探伤与固定不动探伤相比不仅效率高，而且可靠性高。只要操作无误，不会造成漏检。

交叉磁轭相对于工件作相对移动，也就是磁化场随着交叉磁轭在工件表面移动。对于在工件表面有效磁化场内的任意一点来说，始终在一个变化着的旋转磁场作用下，因此在被探面上任意方向的裂纹都有与有效磁场最大幅值正交的机会，从而得到最大限度的缺陷漏磁场。这就是使用交叉磁轭旋转磁场探伤的独特之处，是其他磁化方法所不及的。

与此相反，如果使交叉磁轭固定位置，分段对焊缝进行探伤，就会使被探工件表面各点处于不同幅值和椭圆度的旋转磁场作用下，结果将造成各点探伤灵敏度的不一致，使某些方向裂纹的探伤灵敏度降低。对此必须引起重视。

交叉磁轭行走速度最快不超过4m/min，灵敏度和行走速度应根据试片上磁痕显示来确定。

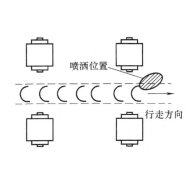

图8-19　检查球罐环缝时磁悬液的喷洒位置

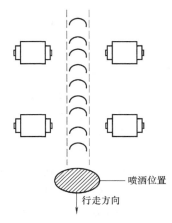

图8-20　检查球罐纵缝时磁悬液的喷洒位置

3）磁悬液的喷洒原则。为了避免磁悬液的流动而冲刷掉缺陷上已经形成的磁痕，并使磁粉有足够时间聚集到缺陷处，喷洒磁悬液的原则是：在检查球罐环缝时，磁悬液应喷洒在行走方向的前上方，如图 8-19 所示；在检查球罐的纵缝时，磁悬液应喷洒在行走方向的正前方，如图 8-20 所示。

4）观察磁痕在磁轭通过后尽快进行。用交叉磁轭探伤时通常是在交叉磁轭通过探伤部位之后，尽快观察辨认有无缺陷磁痕，以免磁痕显示被破坏。

◆◆◆ 第四节　轧制件的磁粉检测

一、轧制件基础知识

磁粉检测经常遇到的轧制件有钢坯、钢棒、钢管和钢板等。钢的生产过程是从高炉炼铁开始的。在高炉里装着铁矿石、焦炭和石灰石。焦炭在燃烧时发出高热，使铁矿石还原，而熔化了的铁液则沉到炉底。石灰石与铁矿石里的杂质化合，浮在熔化了的铁液上，成为焊渣或炉渣。把炉渣从出渣口排出去，但是少量的炉渣与铁水结合在一起。把铁液浇铸成生铁时，这些炉渣被包围在金属里，成为非金属夹杂物。

生铁在平炉或转炉里被炼成钢，并且加入其他的金属或合金，以获得要求的力学性能。在炼钢的过程中虽然进一步消除了生铁中的缺陷，但也形成了另一些缺陷，例如气泡和疏松。熔化了的钢液浇入具有不同形状的钢锭模，形成钢锭。在钢锭的顶端有一个缩下区域，称为缩管或冒口。将钢锭的头部切去后，可以除去钢中大部分缺陷。切去头部的钢锭经初轧后形成钢坯。

二、钢坯的常见缺陷和检测方法

1. 钢坯的常见缺陷和产生原因

钢坯常见的缺陷主要有：缩管残余和中心疏松；非金属夹杂物；皮下气泡；表面裂纹和内部裂纹；折叠；白点；偏析等。

2. 钢坯的检测方法

钢坯的表面缺陷是危害较大的缺陷。因为钢坯是各种成品钢棒和钢管、钢板、钢带、钢丝以及型钢等的原材料，而且这些缺陷在以后的深加工中要扩展成更严重的缺陷。所以，国内外都把钢坯表面缺陷的检查作为一项必不可少的生产工序。磁粉检测是检测钢坯最为普遍的方法之一。检测中的磁化方法通常是沿钢坯轴向通电，用荧光磁粉，用湿法连续法，磁化电流大约在 1200～4000A。也有采用电磁轭磁化的，最好是采取组合磁化或交叉线圈磁化方法。

三、钢棒和钢管常见缺陷和检测方法

1. 钢棒和钢管常见的缺陷

钢棒和钢管在轧制过程中，钢坯中所含有的非金属夹杂物就变得越长越细。被拉长了的非金属夹杂叫做发纹。钢坯中的气孔和缩管残余也被拉长成为断续的裂纹。钢坯的裂纹有时被拉长成为拉痕。当轧制进行得不正常或者轧辊上有缺陷存在时，可以使金属发生折叠。钢管在轧制过程中产生的缺陷基本类似。钢棒表面上（经过机械加工或未经机械加工后）常见的缺陷有表面裂纹、折叠、非金属夹杂或发纹、白点、深拉痕等。钢管常见的缺陷与钢棒差不多，只是少见白点。

2. 检测方法

磁粉检测钢棒和钢管时应制备塔形试样进行检查。检测所用的磁化电流种类和规范，验收标准可按 GB/T 10121—2008《钢材塔形发纹磁粉检验方法》执行。

塔形试样的磁粉检测通常仅检测发纹，而发纹都沿钢棒或钢管的纵向，因此都进行一个方向的轴向通电法磁化，钢管可用穿棒法磁化。如果钢棒和钢管的塔形试样经过淬火热处理，可增加纵向磁化。发纹对磁化电流和夹持完好（关键的地方应加工得好，两个端面应平行）很敏感，操作应得当。

◈◈◈ 第五节　在役件和维修件的磁粉检测

一、在役件和维修件检测的特点

1）在役件和维修件磁粉检测的主要目的是为了检查疲劳裂纹和应力腐蚀裂纹。检测前应充分了解工件在使用中的受力状态、应力集中部位、易开裂部位以及裂纹的方向。

2）在役件的检查一般都是在现场进行局部检测，维修件则大部分从产品上拆卸下来拿到固定式磁粉探伤机上进行检测。

3）许多维修件都带有覆盖层，例如镀层或漆层，检测时须采取特殊工艺方法，必要时除去覆盖层。

4）对某些视力不可达部位，可使用内窥镜检查。对于危险孔，最好采用MT—RC 法检查。

二、检测方法

1）首先按工程设计部门提供的检测项目清单编制无损检测工艺规程，这些

规程不同于制造时的工艺规程。特别是定检工艺规程，大多数是局部检查。不同的位置会采取不同的检测方法。

2）磁粉检测主要检测疲劳裂纹，而疲劳裂纹是表面开口的裂纹，因此宜采用交流电，荧光磁粉或彩色磁粉，湿法连续法或湿法剩磁法。

3）在预测疲劳裂纹方向的基础上选择磁化方向和磁化方法。常用的磁化方法有穿棒法、触头法、磁轭法和线圈法等。或者在固定式磁粉探伤机上室内进行，或在移动式和便携式磁粉探伤机上现场进行。

◈◈◈ 第六节　特殊工件的磁粉检测

一、弹簧

弹簧分为圆柱形压缩弹簧和圆柱形拉伸弹簧两种。

1. 圆柱形压缩弹簧

1）磁化方法如图 8-21 所示。

① 直接通电磁化。将弹簧夹持于固定式磁粉探伤机的两磁化夹头之间通电磁化。磁化电流以弹簧钢丝的直径计算，以检测弹簧钢丝上的纵向缺陷。例如裂纹、发纹和深拉痕等缺陷。为了使弹簧不至于压缩形成短路，可将弹簧套在一个长度略短于弹簧长度的绝缘木棒上，使电流沿弹簧钢丝纵长方向通过进行磁化。

② 中心导体法磁化。磁化电流以弹簧的外直径计算，以检测弹簧钢丝上的横向缺陷。

2）采用湿法连续法，最好采用荧光磁粉。

3）弹簧退磁较困难，用退磁线圈通过法退磁时，应边转动边拉出退磁线圈。

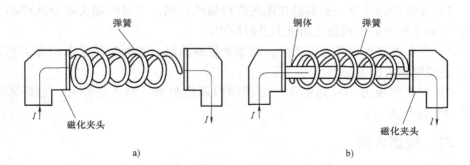

图 8-21　圆柱形压缩弹簧的磁化方法

a）直接通电磁化　b）中心导体磁化

2. 圆柱形拉伸弹簧

（1）磁化方法

① 直接通电法磁化。先在拉力机上将弹簧适度拉开，再用略长于弹簧长度的绝缘木棒支撑，将弹簧两端头夹持在探伤机两夹头之间，进行直接通电磁化。

② 中心导体法磁化。在拉力机上将弹簧适度拉开，在每圈之间夹上绝缘垫片，再采用中心导体法磁化。磁化电流的计算方法与压缩弹簧相同。

（2）拉伸弹簧的常见缺陷和退磁方法都与压缩弹簧相同

二、带覆盖层工件

带覆盖层工件有以下几种：非磁性覆盖层工件，主要指镀锌、镀镉、镀铜、镀铬，喷漆、磷化、法兰等工件。磁性覆盖层工件仅有镀镍工件。有时又把喷漆、磷化、法兰等工件称为非导电覆盖层工件，因为这些覆盖层不导电，而前面几种覆盖层都是导电的。

覆盖层厚度在 $50\mu m$ 以内的工件，其覆盖层对磁粉检测灵敏度几乎没有影响。检测方法和磁化电流的选择同无覆盖层工件一样。实际工业上防锈、耐腐蚀或者装饰性的镀层均不会超过这个厚度。镀铬除上述用途外，还常用于滑动配合（例如动筒），有时需要进行尺寸的补偿，所以很可能会超过这个厚度。

带镀铬层表面工件磁粉检测的主要困难在于镀层较厚，而且可能经过了磨削加工或者抛光处理。表面粗糙度值小，湿法磁粉很容易被流动的载液带走。电镀和磨削使基体金属产生电镀裂纹或磨削裂纹和磨削烧伤。带镀镍层表面工件磁粉检测的困难在于镍是磁性材料，它可能会填充工件基体金属上表面开口缺陷，磁力线可以通过它，漏磁场很少逸出表面（类似于近表面缺陷）。因此，对镀铬、镍工件，其镀层厚度超过 $50\sim80\mu m$ 时需要采取下列特殊的检测工艺：

① 采用湿法连续法。

② 采用尽可能高的磁化电流，只要不产生过热或工件烧伤，不产生金属流线就行。

③ 要确保磁化时间不少于 $0.5s$。

④ 若用黑色磁粉，磁悬液浓度应达到 $1.5\sim2.4mL/100mL$，荧光磁粉应达到 $0.1\sim0.2mL/100mL$。

如果带有非常厚的非磁性覆盖层（$0.1\sim0.2mm$），建议采用干粉法检验或 MRI 法检验。带有非导电覆盖层工件，如采用通电磁化时，应清除通电部位的非导电覆盖层。如无法清除时，可采用线圈法或磁轭法检验，或者用感应电流法检验。

三、带螺纹或键槽的工件

为了检测带螺纹或键槽工件上的横向缺陷，进行纵向磁化时，会在螺纹或键槽部分形成磁极，而使检测灵敏度严重下降。同时，沿着螺纹丝扣或键槽的磁粉自然沉淀，使该方向上的缺陷很难查出。因此，在这些部位的磁粉检测只能查出深度大于 0.5mm 且与螺纹丝扣平行的粗大缺陷。

推荐的检测方法如下：剩磁法检测；线圈法进行纵向磁化；采用浓度很低的（0.1~0.2mL/100mL）水基或有机基荧光磁悬液；工件水平放置，让磁悬液流淌时间长一些再观察。

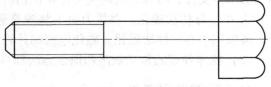

图 8-22　螺栓

螺栓如图 8-22 所示，横向裂纹对螺栓有更大的危害性。

所以应选择最佳方案，把螺栓表面的微小缺陷发现出来。一般推荐使用：线圈法纵向磁化，采用湿法、剩磁法和低浓度的荧光磁悬液检验，施加时间要长。

◈◈◈ 第七节　典型工件磁粉检测工艺卡

一、磁粉检测通用工艺规程的内容

1）适用范围。

2）引用标准、法规。

3）检测人员资格。

4）检测设备、器材和材料。

5）检测表面制备。

6）检测时机。

7）检测工艺和检测技术。

8）检测结果的评定和质量等级分类。

9）检测记录、报告和资料存档。

10）编制（级别）、审核（级别）和批准人。

11）制定日期。

二、磁粉检测工艺卡

1）实施磁粉检测的人员应按磁粉检测工艺卡进行操作。

2）磁粉检测工艺卡应根据磁粉检测通用工艺规程、产品标准、有关的技术文件和 JB/T 4730.4—2005 关于本部分的要求编制，一般应包括以下内容：

① 工艺卡编号（一般为流水顺序号）。

② 产品部分：产品名称，产品编号，制造、安装或检验编号，承压设备类别，规格尺寸，材料牌号，热处理状态及表面状态。

③ 检测设备与材料：设备种类、型号、检测附件、检测材料。

④ 检测工艺参数：检测方法、检测比例、检测部位、标准试块或标准试样（片）。

⑤ 检测技术要求：执行标准、验收级别。

⑥ 检测程序。

⑦ 检测部位示意图：包括检测部位、缺陷部位、缺陷分布等。

⑧ 制定日期。

3）磁粉检测工艺卡的编制、审核应符合相关法规或标准的规定。

三、承压设备磁粉检测工艺卡编制举例

一般每项产品或工件只编写一份工艺卡，如有必要，还应再附一份操作要求及主要工艺参数，作为对工艺卡有关项目的补充。这里仅举几个编制工艺卡的范例，因为有许多磁化方法、检测方法和设备及材料可供选择，可组合编制成各种形式的工艺卡。这里提供的工艺卡范例并不是唯一形式，也不一定是最佳的，仅供练习时参考，希望能起到举一反三的作用。

（1）有一低温贮罐，如图8-23所示。基本情况如下：

1）设计压力：1.78MPa。

2）材质：09MnNiDR。

3）工件规格：$\phi2800mm \times 8000mm \times 18mm$。

4）介质：丙烯。

5）设计温度：$-45℃$。

6）焊后要求整体热处理、水压试验、气密试验。

按 JB/T 4730.4—2005 的要求，验收级别为Ⅰ级，自选条件为优化编制工艺卡，逐项填写操作要求及主要工艺参数，见表8-1。

表8-1 承压设备磁粉检测工艺卡（一）

产品名称	低温贮罐	材料牌号	09MnNiDR	尺寸规格	$\phi2800mm \times 800mm \times 18mm$
热处理状态	—	检测部位	A、B_1、B_2、C、D焊缝，100%检测	被检表面要求	清除并打磨焊缝表面
检测时机	焊接完后	探伤设备	CJE 交流电磁轭 CXE 交叉磁轭	标准试片	A_1-15/100
检测方法	荧光湿法连续法	光线及检测环境	黑光辐照度≥1000μW/cm² 环境光照度<20lx	缺陷记录方式	照相、贴印或临摹草图
磁化方法	磁轭法旋转磁场法	电流种类磁化规范	AC 提升力≥45N 提升力≥118N	磁粉、载液及磁悬液沉淀浓度	YC2 荧光磁粉 LPW-3 号油 0.1~0.4mL/100mL

（续）

磁悬液施加方法	喷或浇法	检测方法标准	JB/T 4730.4—2005	质量验收等级	Ⅰ级
不允许缺陷		(1)任何裂纹或白点 (2)任何横向缺陷 (3)任何线性缺陷磁痕 (4)在35mm×100mm评定框内,长径 $d>1.5mm$ 的圆形缺陷磁痕,且大于1个			

磁化方法示意图(见图8-23)	磁化方法附加说明:
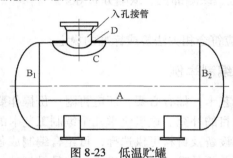 图8-23　低温贮罐	(1)A 焊缝用交叉磁轭磁化,磁悬液施加在交叉磁轭行走方向的前上方 (2)B_1、B_2 焊缝用交叉磁轭磁化,磁悬液施加在交叉磁轭行走方向的正前方 (3)C、D 焊缝用交流电磁轭,在垂直或平行焊缝的两个方向磁化。磁极间距 $L\geq$ 75mm,保证有效磁化区重叠,在磁化时施加磁悬液

工序号	工序名称		操作要求及主要工艺参数
1	预清理		清除焊缝及边缘处飞溅焊渣,并采用砂轮打磨等方式保证被检区域光滑
2	磁化	设备选择	CJE 交流电磁轭 CXE 交叉磁轭
		磁化方法	磁轭法 旋转磁场法
		磁化规范	提升力≥45N 提升力≥118N
		磁化次数	各种方法磁化,均应考虑有效磁化区及其重叠
		试片校核	磁化规范最终以 A_1 标准试片确定,放置区域在两磁极连线外侧的 1/4 磁极距离处
3	施加磁悬液		A 焊缝:磁悬液施加在交叉磁轭行走方向的前上方 B_1、B_2 焊缝:磁悬液施加在交叉磁轭行走方向的正前方 C、D 焊缝:磁悬液喷洒时自上而下、自高而低分两个半圆进行磁化、喷洒
4	磁痕观察与记录	光线	黑光辐照度≥1000μW/cm²
		检测环境	在暗区进行,环境光照度<20lx,至少3min暗室适应
		辅助观察器材	必要时可采用2~10倍放大镜观察磁痕
		磁痕记录内容	记录缺陷性质、形状、尺寸及部位
		磁痕记录方式	采用照相、贴印或临摹草图等方法
		超标缺陷处理	发现超标缺陷后,清除至肉眼不可见,再采用 MT 复验,直至缺陷清除
5	缺陷评级		确认是相关显示,按 JB/T 4730.4—2005 第9条评级
6	退磁		可不退磁
7	后处理		清除残余磁粉或磁悬液
8	检验报告		按 JB/4730.4—2005 第10条签发 MT 报告

编制	MT Ⅱ级(或Ⅲ级)	审核	NDT 责任工程师	审批	单位技术负责人
	年　月　日		年　月　日		年　月　日

（2）空心正方形锻件 如图 8-24 所示，筒外壁边长为 100mm，壁厚为 20mm，长 600mm。材料牌号为 2Cr13，热处理状态为 1050℃油淬，650℃回火，其矫顽力 $H_c = 800A/m$，剩磁 $B_r = 0.68T$。工件为机加工表面，该工件经磁粉检测后需精加工。要求检测筒外壁各方向缺陷（不包括端面）。按照 JB/T 4730.4—2005，Ⅱ级合格，根据现有条件，优化编制磁粉检测工艺卡，见表 8-2。

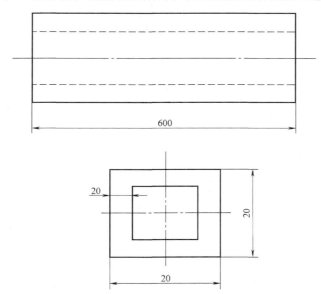

图 8-24 空心正方形锻件

制造单位现有如下探伤设备与器材：

1）CJX2000 型交流携带式磁粉探伤机、CJW-3000 型交流固定式磁粉探伤机，以上探伤机均配置 $\phi200mm \times 250mm$ 的刚性开闭线圈，5 匝。

2）GD-3 型毫特斯拉计。

3）ST-80（C）型照度计。

4）UV-A 型黑光辐照计。

5）UV-A 型黑光灯和白光灯。

6）YC2 型荧光磁粉、HK-1 黑磁粉、BW-1 型黑磁膏、水、煤油、LPW-3 号或 TYT-3 型油基载液。

7）A₁ 标准试片。

8）E 型标准试块。

9）磁悬液浓度测定管。

10）2～10 倍放大镜。

表 8-2　承压设备磁粉检测工艺卡（二）

产品名称	空心正方形锻件	材料牌号	2Cr13	尺寸规格	$100mm \times 100mm \times 600mm$
热处理状态	1050℃油淬 650℃回火	检测部位	外壁表面	被检表面要求	不允许有油污及铁锈等
检测时机	机加后	探伤设备	CJW-3000 和线圈	标准试片（块）	A_1-15/100, E 型标准试块
检测方法	荧光或非荧光湿法连续法	光线及检测环境	黑光辐照度≥$1000\mu W/cm^2$ 环境光照度＜20lx 可见光照度≥1000lx	缺陷记录方式	照相、贴印或临摹草图
磁化方法	中心导体法线圈法	电流种类磁化规范	AC $I_1 = 1100 \sim 1900A$ $I_2 = 880A$	磁粉、载液及磁悬液沉淀浓度	YC2 荧光磁粉 LPW-3 号油（或水） $0.1 \sim 0.4mL/100mL$ 或用 HK-1 黑磁粉油 $1.2 \sim 2.4mL/100mL$
磁悬液施加方法	磁化后浇或喷磁悬液	检测方法标准	JB/T 4730.4—2005	质量验收等级	Ⅱ级
不允许缺陷	（1）任何裂纹或白点（2）任何横向缺陷（3）任何线性缺陷磁痕（4）在$2500mm^2$ 评定框内,不允许有长径 $d > 4mm$ 的圆形缺陷磁痕显示,且大于 2 条					

钢性开闭线圈

100

600

图 8-25　磁化方法示意图

磁化方法（见图 8-25）附加说明：

（1）先周向磁化,后纵向分两段磁化

（2）用中心导体法磁化。

当量直径 = 周长/π =127mm

（3）纵向分两段磁化。

因为 $Y = S_{线圈截面}/S_{工件截面} \approx 3$

$$D_{eff} = 2\sqrt{\frac{A_t - A_h}{\pi}} \approx 90mm$$

$L/D_{eff} = 600/90 \approx 6.6$

所以用中填充因数公式计算

（4）退磁后 $B_r \leq 0.3mT$

工序号	工序名称		操作要求及主要工艺参数
1	预清理		清除工件表面油脂或其他吸附磁粉的物质 被检工件表面粗糙度值小于等于 $Ra2.5\mu m$
2	磁化	设备选择	CJW-3000、$\phi200mm \times 250mm$ 刚性开闭线圈
		磁化顺序	（1）先用中心导体法磁化检测纵向缺陷 （2）后用线圈法磁化,检测横向缺陷,便于退磁
		磁化次数	周向磁化一次,纵向分两段磁化,即可覆盖被检区域
		试片（块）校核	先用 E 型标准试块校验设备的综合灵敏度。磁化规范最终以 A_1 标准试片确定
3	施加磁悬液施加方式		喷或浇洒均可
4	检测时机		检验在磁痕形成后立即进行

（续）

工序号	工序名称		操作要求及主要工艺参数
5	磁痕观察与记录	光 线	黑光辐照度≥1000μW/cm² 或白光照度≥1000lx
		检测环境	荧光法在暗区进行，环境光照度<20lx，至少3min暗室适应
		观察方式	必要时可采用2～10倍放大镜观察磁痕
		磁痕记录内容	记录缺陷性质、形状、尺寸及部位
		磁痕记录方式	采用照相、贴印或临摹草图等方法
		超标缺陷处理	发现超标缺陷时清除至肉眼不可见，再采用MT复验，直至缺陷清除
6	缺陷评级		确认是相关显示，按JB/T 4730.4—2005 第9条评级
7	退 磁		用线圈通过法退磁，退磁后使工件表面B_r≤0.3mT
8	后 处 理		清除残余磁数或磁悬液
9	检测报告		按JB/T4730.4—2005 第10条签发MT报告

编制	MTⅡ级（或Ⅲ级）	审核	NDT责任工程师	审批	单位技术负责人
	年 月 日		年 月 日		年 月 日

复习思考题

1. 经过机械加工的锻钢件常见缺陷有哪些？应如何检测？

2. 铸钢件常见缺陷有哪些？应如何检测？

3. 对于大型铸件如何进行局部或分区磁化？

4. 焊接产品在制造过程中容易引起哪些主要缺陷？应如何检测？

5. 使用交叉磁轭技术时需要注意哪些问题？

6. 钢坯磁粉检测中常见缺陷有哪些？应如何检测？

7. 钢棒和钢管磁粉检测中常见缺陷有哪些？应如何检测？

8. 钢板中常见缺陷有哪些？应如何检测？

9. 在役件和维修件的磁粉检测有什么特点？

试题库

一、**判断题**（对的画"√"，错的画"×"）

1. 磁粉探伤中所谓的不连续性就是指缺陷。（　　）
2. 磁粉探伤中对质量控制标准的要求越高越好。（　　）
3. 磁粉探伤的基础是磁场与磁粉的磁相互作用。（　　）
4. 马氏体不锈钢可以进行磁粉探伤。（　　）
5. 磁粉探伤不能检测奥氏体不锈钢材料，也不能检测铜、铝等非磁性材料。（　　）
6. 磁粉探伤方法只能探测开口与试件表面的缺陷，而不能探测近表面缺陷。（　　）
7. 磁粉探伤难以发现埋藏较深的孔洞，以及与工件表面夹角大于20°的分层。（　　）
8. 磁粉探伤方法适用于检测点状缺陷和平行于表面的分层。（　　）
9. 被磁化的试件表面有一裂纹，使裂纹吸引磁粉的原因是裂纹的高应力。（　　）
10. 磁粉探伤可对工件的表面和近表面缺陷进行检测。（　　）
11. 焊缝中层间未熔合，容易用磁粉探伤方法检出。（　　）
12. 由磁粉探伤理论可知，磁力线在缺陷处会断开，产生磁极并吸附磁粉。（　　）
13. 磁场强度的大小与磁介质的性质无关。（　　）
14. 当使用比探测普通钢焊缝的磁场大10倍以上的磁场磁化时，就可以对奥氏体不锈钢焊缝进行磁粉探伤（　　）
15. 各种不锈钢材料的磁导率都很低，不适宜进行磁粉探伤。（　　）
16. 真空中的磁导率为0。（　　）
17. 铁磁材料的磁导率不是一个固定的常数。（　　）
18. 矫顽力是指去除剩余磁感应强度所需的反向磁场强度。（　　）
19. 由于铁磁性物质具有较大的磁导率，因此在建立磁通时，它们具有很高

的磁阻。   （　　）

20. 使经过磁化的材料的剩余磁场强度降为 0 的磁通密度称为矫顽力。

                                                （　　）

21. 磁滞回线只有在交流电的情况下才能形成，因为需要去除剩磁的矫顽力。   （　　）

22. 所谓"磁滞"现象是指磁场强度 H 的变化滞后于磁感应强度 B 的变化的现象。   （　　）

23. 在建立磁场时，具有高磁阻的材料同时也具有很高的顽磁性。（　　）

24. 漏磁场强度的大小与试件内的磁感应强度大小有关。   （　　）

25. 在铁磁性材料中，磁感应线与电流方向成 90° 角。   （　　）

26. 在非铁磁性材料中，磁感应线与电流方向成 90° 角。   （　　）

27. 铁磁物质的磁感应强度不但和外加磁场强度有关，而且与其磁化历史状况有关。   （　　）

28. 当使用直流电时，通电导体外面的磁场强度比导体表面上的磁场强度大。   （　　）

29. 磁场强度在电磁单位制中用"奥斯特"作单位，在国际单位制中用"特斯拉"作单位。   （　　）

30. 磁性和非磁性实心导体以外的外磁场强度的分布规律是相同的。（　　）

31. 用不同半径的导杆对空心试件进行正中放置穿棒法磁化时，即使磁化电流相同，对试件的磁化效果也是不同的。   （　　）

32. 缺陷的深宽比越大，产生的漏磁场也就越大。   （　　）

33. 铁磁性材料上的表面裂纹，在方向适当时能影响磁感应线的分布并形成漏磁场。   （　　）

34. 漏磁场的大小与外加磁场有关，当铁磁材料的磁感应强度达到饱和值80% 左右时，漏磁场便会迅速增大。   （　　）

35. 只要在试件表面上形成的漏磁场强度足以吸引铁磁粉，那么表面上的不连续性就能检测出来。   （　　）

36. 漏磁场强度的大小和缺陷的尺寸及分布状态有关。   （　　）

37. 铁磁性材料近表面缺陷形成的漏磁场强度的大小和缺陷埋藏深度成正比。   （　　）

38. 剩磁法是利用工件中的剩磁进行检验的方法。   （　　）

39. 磁感应强度的方向始终与磁场强度方向一致。   （　　）

40. 一般来说试件中的磁感应强度在达到 B-H 曲线拐点附近时，漏磁场急剧增大。   （　　）

41. 应用磁粉探伤方法检测铁磁性材料表面缺陷的灵敏度较高，对于近表面

缺陷，缺陷距表面埋藏深度越深，则检测越困难。 （　　）

42. 矫顽力与钢的硬度的关系是：随着硬度的增加矫顽力增大。 （　　）

43. 铁磁性材料经淬火后，其矫顽力一般要变大。 （　　）

44. 磁粉探伤时，磁感应强度方向和缺陷方向越是近于平行，就越易于发现缺陷。 （　　）

45. 对钢管通以一定的电流，磁感应强度以其内表面为最大。 （　　）

46. 对穿过钢管的中心导体通以一定的电流，钢管中的磁感应强度以内表面为最大。 （　　）

47. 对实心钢轴通过一定的电流，磁感应强度以轴心处为最大。 （　　）

48. 在电流不变的情况下，导体直径减为原来的1/2，其表面磁场强度将增大到原来的2倍。 （　　）

49. 在电流不变的情况下，导体长度缩短为原来的1/2，其表面磁场强度将增大到原来的2倍 （　　）

50. 磁滞回线狭长的材料，其磁导率相对较高。 （　　）

51. 硬磁材料的磁滞回线肥大。 （　　）

52. 为使试件退磁而施加的磁场称为退磁场。 （　　）

53. 退磁场仅与试件的形状尺寸有关，与磁化强度大小无关。 （　　）

54. 当试件被磁化时，如没有产生磁极，就不会有退磁场。 （　　）

55. 采用长度和直径相同的钢棒和铜棒分别对同一钢制筒形工件作芯棒法磁化，如果通过的电流相同，则探伤灵敏度相同。 （　　）

56. 纵向磁化时，试件越短，施加的磁化电流可以越小。 （　　）

57. 两管状试件的外径和长度相等，但其厚度不同，如果用交流线圈磁化，且安匝数不变，则厚壁管的退磁场比薄壁管的退磁场要大。 （　　）

58. 已知磁场方向，判定通电导体的电流方向用右手定则。 （　　）

59. 铁磁物质在加热时，铁磁性消失而变为顺磁性的温度叫居里点。 （　　）

60. 只要试件中存在缺陷，被磁化后缺陷所在的相应部位就会产生漏磁场。 （　　）

61. 只要试件中没有缺陷，被磁化后其表面就不会产生漏磁场。 （　　）

62. 磁化方法的选择，实际上就是选择试件磁化的最佳磁化方向。 （　　）

63. 常用的纵向磁化方法也就是通常所说的螺线管式线圈磁化方法。 （　　）

64. 剩磁法中磁粉的施加是在试件被磁化且移去外磁场以后进行的。 （　　）

65. 利用交叉磁轭可以进行剩磁法磁粉探伤。 （　　）

66. 采用两端接触通电法时，在保证不烧坏工件的前提下，应尽量使通过的电流大一些。 （　　）

67. 了解试件的制造过程和运行情况，对选择实验方法判定非连续性的类型

是很重要的。 （　　）

68. 对长工件直接通电磁化，为使施加磁悬液方便，可不必分段磁化，而用长时间通电来完成。 （　　）

69. 直接通电磁化管状工件，既能用于外表面检测，也能用于内表面检测。 （　　）

70. 触头法磁化时，触头间距应根据磁化电流大小来决定。 （　　）

71. 用电磁轭法不能有效地发现对接焊缝表面的横向裂纹。 （　　）

72. 触头法和电磁轭法都能产生纵向磁场。 （　　）

73. 使用中心导体法时，对于大直径和管壁很厚的工件，管外表面的灵敏度比内表面有所下降。 （　　）

74. 中心导体法和触头法都能产生周向磁场。 （　　）

75. 线圈法纵向磁化所产生的磁场强度不仅仅取决于电流。 （　　）

76. 夹钳通电磁化法可以形成纵向磁场。 （　　）

77. 当工件外径相同，通过电流相同时，两端接触直接通电法和中心导体法在工件外表面产生的磁场强度相等。 （　　）

78. 当磁极和探伤面接触不良时，在磁极周围不能探伤的盲区就会增大。 （　　）

79. 用触头法不能有效地发现对接焊缝表面的纵向裂纹。 （　　）

80. 当两个相互垂直的磁场同时施加在一个试件上时，产生的合磁场的强度等于两个磁场强度的代数和。 （　　）

81. 交变电流的有效值总比其峰值要大。 （　　）

82. 在同一条件下进行磁粉探伤，交流磁化法比直流磁化法对近表面内部缺陷的检测灵敏度高。 （　　）

83. 用交流电和直流电同时磁化工件称为复合磁化。复合磁化磁场是随时间而变化的摆动磁场。 （　　）

84. 用于夹钳通电法的周向磁化的规范，也同样适用于中心导体法。（　　）

85. 纵向磁化产生的磁场，其强度取决于线圈匝数和线圈中电流安培数的乘积。 （　　）

86. 经验和磁化规范都表明：试件伸出线圈外的长度超过磁化线圈半径时，磁化应分段进行。 （　　）

87. 当触头间距增大时，其磁化电流应当减小，因为两极磁场产生的相互干扰相应降低了。 （　　）

88. 在一个周期内，交流电的平均值为零。 （　　）

89. 一般来说，用交流电磁化，对表面微小缺陷检测灵敏度高。 （　　）

90. 冲击电流只能用于剩磁法。 （　　）

91. 为检出高强度钢螺栓螺纹部分的周向缺陷，磁粉探伤时一般应选择线圈法、剩磁法、荧光磁粉、湿法。 （　　）

92. 试件烧伤可能是由于夹头通电时的压力不够引起的。 （　　）

93. 当使用磁化线圈或电缆缠绕法时，磁场强度与电流成正比，与被检截面厚度无关。 （　　）

94. 为了确保磁粉探伤质量，重要零件的磁化规范应越严越好，磁化电流越大越好。 （　　）

95. 采用两个相互垂直的磁场同时施加在一个工件上，就可使任何方向上的表面裂纹不漏检。 （　　）

96. 由于手提式和移动式磁粉探伤设备用的是电缆线，所以它没有建立纵向磁化场的能力。 （　　）

97. 手提式磁粉探伤设备的电缆线制成线圈可以用于退磁。 （　　）

98. 如果把手提式磁粉探伤设备的电缆线和一铜棒相连接，就可以完成中心导体式的磁化。 （　　）

99. 紫外灯前安装的滤光片用来滤去不需要的紫外线。 （　　）

100. 磁强计是用来测定磁化磁场强度大小的仪器。 （　　）

101. 为了能得到最好的流动性，磁粉的形状应是长形的，且具有极低的磁导率。 （　　）

102. 常用的磁粉是由 Fe_3O_4 或 Fe_2O_3 制作的。 （　　）

103. 磁粉必须具有高磁导率和低剩磁性。 （　　）

104. 磁粉探伤用的磁粉粒度越小越好。 （　　）

105. 剩磁法磁粉探伤用的磁粉应具有高顽磁性。 （　　）

106. 磁悬液的浓度越大，对缺陷的检出能力就越高。 （　　）

107. 配置荧光磁粉水磁悬液的正确方法是把磁粉直接倒入水中搅拌。

（　　）

108. A 型试片上的标值 15/50 是指试片厚度为 $50\mu m$，人为缺陷槽深为 $15\mu m$。 （　　）

109. A 型试片贴在试件上时，必须把有槽的一面朝向试件。 （　　）

110. 对灵敏度标准试片施加磁粉时，在任何场合都要用连续法进行。

（　　）

111. 灵敏度试片可用于测量磁粉探伤装置的性能和磁粉性能。 （　　）

112. 使用灵敏度试片的目的之一是要了解探伤面上磁场的方向和大小。

（　　）

113. 干法所用的磁粉粒度一般比湿法要细。 （　　）

114. 沉淀试验法用于测定荧光和非荧光磁悬液的浓度，主要用于湿法磁粉探伤。   （   ）

115. 试块主要用于检验磁粉探伤的系统灵敏度，确定被检工件的磁化规范。
                                                          （   ）

116. 为了评价干、湿法的磁粉性能、探伤灵敏度或整个磁粉探伤系统灵敏度，可使用磁场指示器。   （   ）

117. 磁粉的磁性一般以秤量法测定。   （   ）

118. 悬浮在磁悬液中的磁粉应具有高含量的红色氧化铁。   （   ）

119. 使用干粉法检测时，应使磁粉均匀地洒在试件表面上，然而再通入适当的磁化电流。   （   ）

120. 周向磁化的零件进行退磁，一般应先使用一个比周向磁场强的纵向磁场进行磁化，然后沿纵向退磁。   （   ）

121. 直流退磁主要是采取逐渐减小磁场或改变电流方向来实现的。 （   ）

122. 可以通过把试件放置于直流线圈中，逐渐减小电流的方法实现退磁。
                                                          （   ）

123. 剩磁法的优点之一是灵敏度比连续法高。   （   ）

124. 在剩磁法中，若要使用交流设备，则必须配备断电相位控制装置。
                                                          （   ）

125. 由于油磁悬液存在易燃性，故在触头法中应尽量不用。   （   ）

126. 整体周向磁化法选择电流值时，不必考虑工件的尺寸。   （   ）

127. 剩磁法探伤中如使用交流电磁化，就必须考虑断电相位问题，而使用直流电或半波整流电磁化则不必考虑断电相位问题。   （   ）

128. 剩磁法的优点之一是一次磁化可以发现各个方向上的缺陷。   （   ）

129. 连续法的灵敏度高于剩磁法。   （   ）

130. 干法比湿法更有利于近表面缺陷的检出。   （   ）

131. 荧光磁粉通常用于干法检验。   （   ）

132. 与湿法相比，干法更适于粗糙表面零件的检验。   （   ）

133. 与干法相比，湿法对细小裂纹的检出率更高一些。   （   ）

134. 连续法检验时，无论采用何种方法磁化，工件表面的切向磁场应不小于 $2400A/m$。   （   ）

135. 所谓低填充因数线圈是指线圈内径较小，与被接工件外径比较接近的线圈。   （   ）

136. 对同一工件进行纵向磁化，使用高填充因素线圈所需的安匝数较少。
                                                          （   ）

137. 在磁粉探伤中，认为假显示和非相关显示的意义是相同的。   （   ）

138. 由于热处理使试件某些区域的磁导率改变，可能形成非相关显示。（　　）

139. 磁化电流过大会产生伪显示，其特征是：磁痕浓密清晰，沿金属流线分布。（　　）

140. 当发现磁痕时，必须观察试件表面有无氧化皮、铁锈等附着物。如果有这类附着物，则应除去再重新进行探伤。（　　）

141. 磁粉探伤中，凡有磁痕的部位都是缺陷。（　　）

142. 疲劳引起的非连续性，是属于加工过程中引起的非连续性。（　　）

143. 铸件疏松是由于残留在液态金属中的气体在金属凝固时未被排出所形成的。（　　）

144. 由于原始钢锭中存在非金属夹杂物，在加工后的试件上就有可能发现裂纹及夹层显示。（　　）

145. 重皮折迭和中心锻裂，是加工过程中的非连续性。（　　）

146. 淬火裂纹的磁痕特征是：磁痕浓密清晰，多发生在试件上应力容易集中的部位。如孔、键及截面尺寸突变的部位。（　　）

147. 磨削裂纹的磁痕的特征之一是其方向一般垂直于磨削方向。（　　）

148. 磁写是由于被磁化的试件与未磁化的试件接触而引起。（　　）

149. 过多增加荧光亮度能造成高的背景荧光，这对磁痕解释比较方便。（　　）

150. 热处理裂纹的磁痕明显、尖锐。通常在工件棱角、沟槽和截面变化处发生。（　　）

151. 相关显示是漏磁场与磁粉相互作用的结果。（　　）

152. 交流电磁轭可用作局部退磁。（　　）

153. 磁粉探伤的验收标准中，不合格缺陷都是按工件厚度加以划定的。（　　）

二、选择题（将正确答案的序号填入括号内）

1. 能够进行磁粉探伤的材料是（　　）。
A. 碳钢　　　　　B. 奥氏体不锈钢　　　C. 黄铜　　　D. 铝

2. 下列哪种材料能被磁化（　　）。
A. 铁　　　　　　B. 镍　　　　　　C. 钴　　　　D. 以上都能

3. 磁粉探伤对哪种缺陷的检测不可靠（　　）。
A. 表面折叠　　　B. 埋藏很深的洞　　C. 表面裂纹　　D. 表面缝隙

4. 适合于磁粉探伤的零件是（　　）。
A. 顺磁性材料　　B. 铁磁性材料　　　C. 有色金属　　D. 抗磁性材料

5. 下列哪一条是磁粉探伤优于渗透探伤的地方（　　）。

A. 能检出表面夹有外来材料的表面不连续性

B. 对单个零件检验快

C. 可检出近表面不连续

D. 以上都是

6. 磁粉检测是一种无损检测方法，这种方法可以用于检测（　　　）。

A. 表面缺陷　　　　B. 近表面缺陷　　　　C. 材料分选　　D. 以上都是

7. 被磁化的工件表面有一裂纹，使裂纹吸引磁粉的原因是（　　　）。

A. 多普勒效应　　　　　　　　　B. 漏磁场

C. 矫顽力　　　　　　　　　　　D. 裂纹处的高应力

8. 磁粉探伤的试件必须具备的条件是（　　　）。

A. 电阻小　　　　　　　　　　　B. 探伤面能用肉眼观察

C. 探伤面必须光滑　　　　　　　D. 试件必须有磁性

9. 磁敏元件探测法所使用的磁电转换元件有（　　　）。

A. 二极管　　　　B. 晶体管　　　　C. 电阻　　　D. 霍尔元件

10. 对于埋藏较深（表面下 6～50mm）的缺陷的检测（　　　）。

A. 方法与检测表面裂纹相类似

B. 如果缺陷是由细小的气孔组成，就不难检出

C. 如果缺陷的宽度可以估计出来，检测就很简单

D. 磁粉探伤方法很难检查出来

11. 以下有关磁场的叙述哪一条是错误的（　　　）。

A. 磁场不存在于磁体之外

B. 磁场具有方向和强度

C. 利用磁针可以测得磁场的方向

D. 磁场存在于通电导体的周围

12. 在国际单位制中常用什么单位表示磁场强度（　　　）。

A. 安培/米　　　　B. 安培·米　　　　C. 特斯拉　　D. 高斯

13. 在磁场中垂直穿过某一截面的磁力线条数称作（　　　）。

A. 磁场强度　　　　B. 磁感应强度　　　　C. 磁通量　　D. 漏磁场

14. 磁力线的特性之一是（　　　）。

A. 沿直线进行　　　　　　　　　B. 形成闭合回路

C. 存在于铁磁材料内部　　　　　D. 以上都是

15. 下列关于磁力线的叙述，哪一条是正确的（　　　）。

A. 磁力线永不相交

B. 磁铁磁极上磁力线密度最大

C. 磁力线沿磁阻最小的路线通过

D. 以上都对

16. 在被磁化的零件上，磁力线进入和离开的部位叫做（　　　）。

A. 不连续性　　　　B. 缺陷　　　　　C. 磁极　　　　D. 节点

17. 永久磁铁中磁畴（　　　）。

A. 以固定位置排列，各方向互相抵消

B. 以固定位置排列，在一个方向占有优势

C. 材料呈现高矫顽力

D. 全部向一个方向排列

18. SI 单位制中，磁感应强度用什么表示（　　　）。

A. 安培/米　　　　B. 特斯拉　　　　C. 高斯　　　　D. 韦伯

19. 磁感应线在什么位置离开磁铁（　　　）。

A. 北极　　　　　　　　　　　B. 南极

C. 北极和南极　　　　　　　　D. 以上都不是

20. 下列哪些材料可以在外加磁场作用下被磁化（　　　）。

A. 铁和钴　　　　　　　　　　B. 铬和镍

C. 各种有色金属　　　　　　　D. 各种非金属

21. 铁磁材料的特点是（　　　）。

A. 受磁铁强烈吸引　　　　　　B. 能被磁化

C. 以上都是　　　　　　　　　D. 以上都不是

22. 顺磁性材料的磁特性是（　　　）。

A. 磁性强　　　　　　　　　　B. 根本无磁性

C. 磁性微弱　　　　　　　　　D. 缺乏电子运动

23. 当不连续性处于什么方向时，其漏磁场最强（　　　）。

A. 与磁场成 180°角　　　　　　B. 与磁场成 45°角

C. 与磁场成 90°角　　　　　　　D. 与磁场成 0°角

24. 硬磁材料可被用来制作永久磁铁的原因是（　　　）。

A. 磁导率低　　　B. 剩磁弱　　　　C. 剩磁强　　　D. 磁导率高

25. 工件中有电流通过时，在工件中可感生出周向磁场，这种磁场的方向可用什么定则来确定（　　　）。

A. 右手定则　　　　　　　　　B. 左手定则

C. 环路安培定则　　　　　　　D. 高斯定理

26. 铁磁性物质在加热时，铁磁性消失而变为顺磁性物质的温度叫做（　　　）。

A. 饱和点　　　　B. 居里点　　　　C. 熔点　　　　D. 转向点

27. 硬磁材料是指材料的（　　　）。

A. 磁导率低 　　B. 剩磁强 　　　　C. 矫顽力大　D. 以上都是

28. 材料磁导率用来描述（　　　）。

A. 材料磁化的难易程度 　　　　　　B. 零件中磁场的强度

C. 零件退磁需要的时间 　　　　　　D. 保留磁场的能力

29. 铁磁材料是指（　　　）。

A. 磁导率略小于 1 的材料 　　　　　B. 磁导率远大于 1 的材料

C. 磁导率接近于 1 的材料 　　　　　D. 磁导率等于 1 的材料

30. 试件中磁均匀性间断与哪些参数的急剧变化有关（　　　）。

A. 电感 　　　B. 电阻率 　　　　　C. 电容 　　　　D. 磁导率

31. 当外部磁化力撤去后，一些磁畴仍保持优势方向，为使它们恢复原来的无规则方向，所需要的额外的磁化力通常叫做（　　　）。

A. 直流电力 　　　　　　　　　　　B. 矫顽力

C. 剩余磁场力 　　　　　　　　　　D. 外加磁场力

32. 工作表面的纵向缺陷，可以通以平行于缺陷方向的电流将其检测出来。这是因为（　　　）。

A. 电流方向与缺陷一致 　　　　　　B. 磁场与缺陷垂直

C. 怎么通电都一样 　　　　　　　　D. 磁场平行于缺陷

33. 同样大小的电流通过两根尺寸相同的导体时，一根是磁性材料，另一根是非磁性材料，则其周围的磁场强度是（　　　）。

A. 磁性材料的较强 　　　　　　　　B. 非磁性材料的较强

C. 随材料磁导率变化 　　　　　　　D. 两者相同

34. 采用轴向通电法探伤、在决定磁化电流时，应考虑零件的（　　　）。

A. 长度 　　　B. 直径 　　　　　　C. 长径比　　　D. 表面状态

35. 下列关于电流形成磁场的叙述，说法正确的是（　　　）。

A. 电流形成的磁场与电流方向平行

B. 电流从一根导体上通过时，用右手定则确定磁场方向

C. 通电导体周围的磁场强度与电流大小无关

D. 通电导体周围的磁场方向与电流方向无关

36. 高压螺栓通交流电磁化，磁感应强度最大的部位是（　　　）。

A. 中心 　　　　　　　　　　　　　B. 近表面

C. 表面 　　　　　　　　　　　　　D. 表面以外的空间

37. 电流通过铜导线时（　　　）。

A. 在铜导线周围形成一个磁场 　　　B. 在铜导线中建立磁极

C. 使铜导线磁化 　　　　　　　　　D. 不能产生磁场

38. 撤去外磁场后，保留在可磁化的材料中的磁性叫做（　　　）。

A. 漂移场　　　　　B. 剩余磁场　　　　　C. 衰减磁场　　D. 永久磁场

39. 因零件长度太短，从而不可能对零件进行满意检验的磁化场合是(　　)。

A. 轴向通电周向磁化　　　　　　　　B. 线圈法纵向磁化

C. 触头法通电磁化　　　　　　　　　D. 磁轭法磁化

40. 用芯棒法磁化圆筒零件时，最大磁场强度的位置在零件的 (　　)。

A. 外表面　　　B. 壁厚的一半处　　　C. 两端　　D. 内表面

41. 下列关于线圈磁化的叙述中，正确的是 (　　)。

A. 可以使圆柱形工件得到均匀磁化

B. 当用直流电磁化长度、外径和材质都相同的圆钢棒和圆钢管时，钢管受到的磁场作用较强

C. 把多个细长试件捆为一匝装满线圈，能得到强的磁化效果

D. 磁化同一试件，在线圈内通以交流电比通以同幅值的三相全波整流电的磁场强度要大

42. 采用线圈法磁化时，要注意 (　　)。

A. 线圈的直径不要比零件大得太多　　B. 线圈两端的磁场比较小

C. 小直径的零件应靠近线圈内壁放置　　D. 以上都是

43. 下列关于退磁场的叙述，正确的是 (　　)。

A. 施加的外磁场越大，退磁场就越大

B. 试件磁化时，如不产生磁极，就不会产生退磁场

C. 试件的长径比越大，则退磁场越小

D. 以上都是

44. 下列关于磁化电流方向与缺陷方向关系的叙述中，正确的是 (　　)。

A. 直接通电磁化时，与电流方向垂直的缺陷最易于检出

B. 直接通电磁化时，与电流方向平行的缺陷最易于检出

C. 直接通电磁化时，任何方向的缺陷都可以检出

D. 用线圈法磁化时，与线圈内电流方向垂直的缺陷最易于检出

45. 线圈中磁场最强处在 (　　)。

A. 线圈内壁　　　B. 线圈外壁　　　　C. 线圈中心　　D. 线圈端头

46. 下列关于漏磁场的叙述，正确的是 (　　)。

A. 内部缺陷处的漏磁场比同样大小的表面缺陷漏磁场大

B. 缺陷的漏磁场通常与试件上的磁场强度成反比

C. 表面缺陷的漏磁场，随离开表面的距离增大而急剧下降

D. 有缺陷的试件，才会产生漏磁场

47. 下列关于漏磁场的叙述中，正确的是 (　　)。

A. 缺陷方向与磁力线平行时，漏磁场最大

B. 漏磁场的大小与工件的材质无关

C. 漏磁场的大小与缺陷的深宽比有关

D. 工件表层下缺陷所产生的漏磁场，随缺陷的埋藏深度增加而增大

48. 在确定磁化方法时，必需的参数是（　　）。

A. 材料的化学成分　　　　　　　B. 材料硬度

C. 零件的制造过程　　　　　　　D. 预计缺陷位置、方向

49. 磁粉探伤中，应根据下列条件选择适当的磁化方法（　　）。

A. 工件的形状和尺寸　　　　　　B. 材质

C. 缺陷的位置和方向　　　　　　D. 以上都是

50. 周向磁化的零件中，表面纵向裂纹将会（　　）。

A. 使磁场变弱　　　　　　　　　B. 使磁导率降低

C. 产生漏磁场　　　　　　　　　D. 产生电流

51. 下列关于用触头法探测钢板对接焊缝的说法，正确的是（　　）。

A. 为了检出横向缺陷，触头连线应与焊缝垂直

B. 在探伤范围内，磁场强度的方向和大小并不是完全相同的

C. 必须注意通电时试件的烧损问题

D. 以上都是

52. 使用磁轭磁化时，感应磁场强度最大的部位是（　　）。

A. 磁轭的南极和磁轭的北极附近　　B. 磁极中间的区域

C. 磁极外侧较远区域　　　　　　　D. 上述区域磁感应强度一样大

53. 为了检验空心零件内壁上的纵向缺陷，应当（　　）。

A. 轴向通电磁化　　　　　　　　B. 线圈通电磁化

C. 芯棒通电磁化　　　　　　　　D. 以上都不对

54. 采用交流磁轭法对大型结构件的焊缝进行磁粉探伤，要比直流磁轭法好，下列交流磁轭法比直流好的理由中，哪条是正确的（　　）。

A. 用交流磁轭可以不退磁

B. 用直流磁轭法时会受板厚影响，交流则不会

C. 铁心截面积相等条件下，交流磁轭铁芯中的总磁通多

D. 当磁极接触状态差时，交流所受影响比直流小

55. 旋转磁场是一种特殊的复合磁场，它可以检测工件的（　　）。

A. 纵向的表面和近表面缺陷　　　B. 横向的表面和近表面缺陷

C. 斜向的表面和近表面缺陷　　　D. 以上都是

56. 以下关于电缆平行磁化法的叙述，哪一条是错误的（　　）。

A. 电缆平行磁化法不会烧伤工件

B. 电缆平行于焊缝放置，可检出焊缝中横向裂纹缺陷

C. 返回电流的电缆应尽量远离磁化电缆，以免磁场相互抵消

D. 由于磁力线的一部分在空气中通过，因而磁场大大减弱，应用时要注意检测可靠性

57. 黑光灯的强度应用什么测量（   ）。

A. 紫外辐射计　　　B. 照度计　　　　　　C. 磁强计　　　D. 高斯计

58. 以下关于紫外线灯的叙述中哪一项是错误的（   ）。

A. 为延长紫外灯的寿命，应做到用时即开，不用即关

B. 电源电压波动对紫外灯寿命影响很大

C. 有用的紫外光波长范围在 320～400nm 之间

D. 要避免紫外灯直射人眼

59. 下列关于磁粉的叙述中哪一项是正确的（   ）。

A. 磁粉应具有很高的磁导率　　　　　B. 磁粉应具有大的矫顽力

C. 磁粉粒度越小越好　　　　　　　　D. 磁粉的沉降速度越快越好

60. 下列关于磁粉的叙述中，正确的是（   ）。

A. 应能和被检表面形成高对比度　　　B. 应与被检表面颜色大致相同

C. 应能粘附在被检物表面上　　　　　D. 应不能粘附在被检物表面上

61. 干粉方法中应用的纯铁磁粉的最好形状是（   ）。

A. 扁平的　　　　　　B. 球形的　　　　　C. 细长的　　　D. B 和 C 的混合物

62. 下列关于磁悬液的叙述，正确的是（   ）。

A. 磁悬液的性能是按辨认灵敏度试片的显示磁痕来检验的

B. 荧光磁粉磁悬液如不保存在明亮处，其荧光强度就会降低

C. 加大磁悬液的浓度，可以提高显示灵敏度

D. 荧光磁粉通常用变压器油作载体

63. 使用水磁悬液，添加润湿剂的目的是（   ）。

A. 防止磁粉凝固　　　　　　　　　　B. 防止腐蚀设备

C. 保证零件适当润湿　　　　　　　　D. 减少水的需要

64. 磁悬液中磁粉浓度如何测量（   ）。

A. 称量磁悬液的重量　　　　　　　　B. 测量磁悬液的浊度

C. 测量磁粉在磁悬液中的沉淀体积　　D. 测量磁铁上吸引的磁粉

65. 磁粉探伤灵敏度试片的作用是（   ）。

A. 选择磁化规范

B. 鉴定磁粉探伤仪性能是否符合要求

C. 鉴定磁悬液或磁粉性能是否符合要求

D. 以上都是

66. 磁粉探伤中采用灵敏度试片的目的是（　　）。

A. 检验磁化规范是否适当　　　　　　B. 确定工件表面磁力线的方向

C. 综合评价检测设备和操作技术　　　D. 以上都对

67. A 型灵敏度试片正确的使用为（　　）。

A. 用来估价磁场的大小是否满足灵敏度的要求

B. 需将有槽的一面朝向工件贴于探伤面上

C. 施加磁粉时必须使用连续法

D. 以上都是

68. 以下关于磁粉探伤标准试块的叙述哪一项是错误的（　　）。

A. 磁粉探伤试块不能用于确定磁化规范

B. 磁粉探伤试块不能用于确定有效磁化范围

C. 磁粉探伤试块不能用于考察被检工件表面磁场方向

D. 磁粉探伤试块不能用于检验设备和磁悬液的综合性能

69. 下列关于磁粉探伤预处理的叙述中，正确的是（　　）。

A. 能拆开的部件尽量拆开

B. 干粉法探伤时，零件表面必须无油脂且充分干燥

C. 难于清洗的孔洞要塞堵好

D. 以上都是

70. 以下关于磁粉探伤检测时机的叙述，哪一项是错误的（　　）。

A. 检测时机应选在机加工后，磨削前进行

B. 检测时机应选在容易产生缺陷的各道工序后进行

C. 检测时机应选在涂漆、电镀等表面处理之前进行

D. 对延迟裂纹倾向的材料，应在焊后 24 小时进行

71. 下列有关连续法湿法的叙述，哪一项是错误的（　　）。

A. 通电磁化时间一般需要 3s 以上

B. 磁化强度大约为试件达到饱和磁通密度的 80%

C. 施加的磁悬液在探伤面上流动，待探伤面上的磁粉停止运动后，再切断电源

D. 施加磁悬液可采取浇法，也可采取浸法

72. 可用剩磁法检验的前提是（　　）。

A. 零件具有高光洁度　　　　　　　　B. 零件具有高矫顽力

C. 零件承受高应力作用　　　　　　　D. 零件具有高磁导率

73. 检验大型铸件的最有效的磁粉探伤方法是（　　）。

A. 局部多方向磁化　　　　　　　　　B. 芯棒法磁化

C. 螺管线圈法　　　　　　　　　　　D. 直接通电磁化

74. 下列哪种缺陷能被磁粉探伤检验出来（　　）。

A. 螺栓螺纹部分的疲劳裂纹　　　　　B. 钢质弹簧板的疲劳裂纹

C. 钢板表面存在的裂纹　　　　　　　D. 以上都是

75. 剩磁法检验时，通常把很多零件放在架子上施加磁粉。在这种情况下，零件之间不得相互接触和摩擦，这是因为碰撞和摩擦（　　）。

A. 可能使磁场减弱　　　　　　　　　B. 可能产生磁写

C. 可能损伤零件　　　　　　　　　　D. 可能使显示消失

76. 为了检出高强度螺栓螺纹部分的周向缺陷，较适用的方法是（　　）。

A. 直接通电剩磁法、湿法荧光磁粉　　B. 线圈磁化连续法、干法黑磁粉

C. 磁轭连续法、湿法黑磁粉　　　　　D. 线圈磁化剩磁法、湿法荧光磁粉

77. 以下关于退磁的叙述，正确的是（　　）。

A. 退磁应在零件清洗后立即进行

B. 退磁应在磁粉探伤前进行

C. 所有的零件都要进行退磁

D. 当剩磁对以后的加工或使用有影响时才需进行退磁

78. 以下关于退磁的叙述，正确的是（　　）。

A. 退磁的难易程度取决于材料类型

B. 矫顽力高的材料易于退磁

C. 剩余磁场方向不是退磁需要考虑的因素

D. 以上都对

79. 将零件放入一个极性不断反转，强度逐渐减小的磁场中的目的是（　　）。

A. 使零件磁化　　　　　　　　　　　B. 使零件退磁

C. 使磁粉流动　　　　　　　　　　　D. 使显示变得更清晰

80. 使工件退磁的方法是（　　）。

A. 在居里点以上进行热处理

B. 在交流线圈中沿轴线缓慢取出工件

C. 用直流电来回作倒向磁化，磁化电流逐渐减小

D. 以上都是

81. 以下所述的各种显示中，哪一个不属于伪显示（　　）。

A. 纤维物线头粘滞磁粉所形成的显示

B. 工件氧化皮滞留磁粉所形成的显示

C. 焊缝余高边缘凹陷滞留磁粉所形成的显示

D. 由于内键槽造成工件截面突变而形成的显示

82. 非相关显示（　　）。

A. 对零件的使用无影响

B. 应重新检验，以确定是否存在真实缺陷

C. 必须完全去除

D. A 和 B

83. 下面哪种情况会产生非相关磁痕显示（　　）。

A. 不同金属间的结合缝　　　　　　B. 钎焊缝

C. 表面上的粗加工刀痕　　　　　　D. 以上都是

84. 下列关于对磁痕的观察和分析的叙述中，正确的是（　　）。

A. 当发现磁痕时，必须观察表面有无氧化皮、铁锈等附着物，以免误判

B. 为确定磁痕是否由缺陷引起，有时需把磁痕擦去，重新探伤，检验其重复性

C. 如果试件上出现遍及表面的磁痕显示，应降低安培值重新磁化

D. 以上都是

85. 下列关于磁痕的叙述中，正确的是（　　）。

A. 在没有缺陷的位置处出现的磁痕，一般称为伪磁痕

B. 表面裂纹所形成的磁痕一般是很清晰而明显的

C. 由于被磁化的试件相互接触造成的局部磁场畸变而产生的虚假磁痕称为磁写

D. 以上都是

86. 近表面不连续性显示通常呈现为（　　）。

A. 清晰和明显　　　　　　　　　　B. 清晰和较宽

C. 宽和模糊　　　　　　　　　　　D. 高和松散

87. 引起非相关显示的原因有（　　）。

A. 零件截面厚度变化大　　　　　　B. 安培值太高

C. 表面附近有钻孔　　　　　　　　D. 以上都是

88. 下列哪种缺陷能用磁粉探伤检出（　　）。

A. 钢键中心的缩孔　　　　　　　　B. 双面焊的未焊透

C. 钢材表面裂纹　　　　　　　　　D. 钢板内深为20mm 的分层

89. 由于漏磁场的吸引而在零件表面某一部位上形成的磁粉堆积叫做（　　）。

A. 不连续性　　　B. 缺陷　　　　　C. 显示　　　D. 磁写

90. 下列哪种方法有助于磁粉显示的解释（　　）。

A. 使用放大镜　　　　　　　　　　B. 复制显示磁痕

C. 在显示形成过程中观察显示形成　　D. 以上都是

91. 下列关于磁痕记录的叙述中，正确的是（　　　）。

A. 现场记录磁痕，如有可能应采用复印法

B. 磁痕复印需在磁痕干燥后进行

C. 用拍照法记录磁痕时，须把量尺同时拍摄进去

D. 以上都是

92. 下面哪种方法常用来保存磁痕显示图形（　　　）。

A. 贴印　　　　　　　　　　　　　　B. 橡胶铸型复印

C. 照相　　　　　　　　　　　　　　D. 以上都是

93. 除非另有规定，最终磁粉探伤（　　　）。

A. 应在最终热处理后，最终机加工前

B. 应在最终热处理前，最终机加工后

C. 应在最终热处理和最终机加工后

D. 在最终热处理后的任何时间

94. 大型焊接结构件通常采用的磁化方法是（　　　）。

A. 夹头通电法和线圈法　　　　　　　B. 磁轭法和中心导体法

C. 触头法和绕电缆法　　　　　　　　D. 磁轭法和触头法

95. 触头放置在焊缝两侧，两触头连线与焊缝垂直，此时可检出焊接接头的（　　　）。

A. 表面纵向裂纹　　B. 表面横向裂纹　　C. 埋藏裂纹　　D. 以上都是

96. 以下关于交叉磁轭检验焊缝的叙述，哪一项是正确的（　　　）。

A. 交叉磁轭连续行走探伤比固定不动探伤效果更好

B. 交叉磁轭的磁极与工件表面间隙过大会产生探伤盲区

C. 应控制交叉磁轭的行走速度不超过 $2\sim3m/min$

D. 以上都是

97. 以下哪一种方法不适合焊缝坡口的磁化（　　　）。

A. 触头法　　　　　　　　　　　　　B. 磁轭法

C. 交叉磁轭法　　　　　　　　　　　D. 线圈法

98. 以下哪一种方法不适合管板角焊缝上的纵向缺陷检测（　　　）。

A. 触头法　　　　　　　　　　　　　B. 磁轭法

C. 中心导体法　　　　　　　　　　　D. 绕电缆法

99. 铸钢阀体磁粉探伤较合适的方法是（　　　）。

A. 磁轭法、交流电、连续法、干法

B. 支杆法、半波整流电、连续法、干法

C. 绕电缆法、直流电、连续法、湿法

D. 中心导体法、直流电、剩磁法、干法

100. 检测起重吊钩横向疲劳裂纹较合适的方法是（   ）。

A. 绕电缆法、连续法、湿法、荧光磁粉

B. 交流磁轭、连续法、干法、非荧光磁粉

C. 通电法、剩磁法、湿法、荧光磁粉

D. 触头法、连续法、干法、非荧光磁粉

三、问答题

1. 简述磁粉探伤原理。

2. 简述磁粉探伤的适用范围。

3. 常用的磁导率有几种，其定义是什么？

4. 磁极化强度的物理意义是什么？

5. 试用磁畴的观点，说明技术磁化曲线的特征。

6. 什么是磁路的定律？

7. 影响漏磁场的因素有哪些？

8. 碳素钢的磁性质与金相组织的关系如何？

9. 磁力线有哪些特性？

10. 选择磁化方法应考虑的因素有哪些？

11. 对焊缝及大型工件采用触头法进行磁粉探伤时，应注意哪些因素？

12. 什么是交流电的峰值、有效值？

13. 什么是周向磁化？包括哪几种磁化方法？

14. 什么是纵向磁化？包括哪几种磁化方法？

15. 使用偏置芯棒法应注意哪些事项？

16. 使用触头法应注意哪些事项？

17. 线圈法纵向磁化有哪些要求？

18. 使用磁轭法应注意哪些事项？

19. 固定式磁粉探伤机一般由哪几个部分组成，各有什么作用？

20. 磁粉如何分类？

21. 磁粉探伤用的磁粉，对其性能有什么要求？

22. 磁悬液的浓度对缺陷的检出能力有何影响？

23. 湿法非荧光磁粉的验收、试验有哪几项？

24. 水磁悬液与油磁悬液各有何优缺点？

25. 磁粉探伤中为什么要使用灵敏度试片？

26. 如何正确使用灵敏度试片？

27. 标准试片有哪些用途？

28. 磁粉探伤用的磁粉为何分不同的颜色？

29. 磁悬液中磁粉的浓度如何确定？

30. 简述磁粉探伤方法的主要工艺过程。

31. 磁粉探伤前为何要把零件分解开？

32. 什么是磁化规范？

33. 制定磁化规范的方法各有哪些？

34. 什么是磁粉探伤的灵敏度？

35. 影响磁粉探伤灵敏度的主要因素有哪些？

36. 什么是磁粉探伤-橡胶铸型法，其应用范围是什么？

37. 磁粉探伤-橡胶铸型法的优点是什么？

38. 什么是连续法，其应用范围是什么？

39. 什么是剩磁法，其应用范围是什么？

40. 简述磁痕的观察有哪些要求？

41. 磁痕分析的意义是什么？

42. 引起非相关显示的因素有哪些？

43. 为什么要对磁粉探伤机内部短路进行定期校验？

44. 简述磁粉探伤质量控制主要包括哪几个方面？

四、计算题

1. 已知一钢环内的磁感应强度为 4T，磁场强度为 800A/m，求此钢环在此状态下的磁导率和相对磁导率。

2. 测得某一工件的磁感应强度为 1T，此工件相对磁导率为 400，求该工件磁化的磁场强度。

3. 一圆柱导体直径为 $\phi20cm$，通以 4000A 的直流电，求与导体中心轴相距 5cm、10cm、20cm 各点的磁场强度。若此圆柱导体的相对磁导率为 400，求上述三点的磁感应强度。

4. 采用直接通电法周向磁化 60mm×60mm、长 50mm 的钢棒，要求其表面磁场强度达 8000A/m，求所需的磁化电流。

5. 一钢棒长 400mm，直径为 $\phi60mm$，通 1500A 电流磁化，计算钢棒表面的磁场强度。

6. 钢管内径 $\phi = 14mm$，壁厚 $\delta = 6mm$，采用中心同轴穿棒法磁化，若磁化电流 $I = 750A$，试计算管内、外壁上的磁场强度。

7. 对于直径为 $\phi100mm$ 的圆棒钢材，用直流电直接通电法进行周向磁化，为获得试件表面的磁场强度，试求其磁化电流值。

8. 已知开端线圈的内半径 $R = 150mm$，长度 $L = 50mm$。若要求在线圈轴线端部产生的磁场强度为 4800A/m，试求磁化线圈的安匝数。

9. 已知长直圆柱形钢棒的直径 $D = 50mm$，若用通电法产生周向磁场，并要求钢棒表面的磁场强度为 2400A/m，应施加多大的磁化电流？

10. 若在直径 $D = 25\text{mm}$ 的导体上施加 $I = 375\text{A}$ 的电流，则导体表面的磁化磁场为多少？

11. 设钢与空气的界面的法线与钢中磁感应线 B_1 的夹角 $\alpha_1 = 89.9°$，且磁感应强度的大小为 $B_1 = 0.8\text{T}$ 时，求空气中的磁感应强度的法向分量 B_{2n}。

12. 若正弦交流电的有效值为 400A，试求其峰值电流。

13. 交流探伤机电流表读数为 2000A 时，其峰值电流是多少？

14. 有一钢制轴类试件直径 $D = 120\text{mm}$，采用连续法探伤，按 JB/T 4730 检查纵向缺陷，应如何确定磁化规范？

15. 钢管长为 800mm，内径为 40mm，壁厚为 6mm。用中心导体法磁化，当磁化电流 $I = 800\text{A}$ 时，试计算内外表面的磁场强度。

16. 有一规格为 $\phi159\text{mm} \times 14\text{mm} \times 1200\text{mm}$ 的反应器壳体，为了发现内外壁的纵向缺陷（100% 检验），当采用偏置中心导体法时，若采用直径为 $\phi25\text{mm}$ 的芯棒，应采用多大的磁化电流？需转动几次才能完成全部表面的检验？ （按 JB/T 4730）

17. 使用触头法对厚度为 50mm 的铁磁性钢板进行磁粉探伤，当触头间距为 150mm 时，按 JB/T 4730 标准选择的磁化电流值应是多少？

18. 钢板厚度为 10mm，选用输出电流最大值为 $I_m = 500\text{A}$ 的触头式磁粉探伤仪进行磁粉探伤，按 JB/T 4730 计算的触头间距的最大值为多少？

19. 有一环形法兰，其外径为 $\phi1000\text{mm}$，内径为 $\phi800\text{mm}$，现用绕电缆法进行磁粉探伤，已知电缆匝数为 20 匝，要使工件上的有效磁场强度达到 2400A/m，需多大的磁化电流？

20. 钢板厚 25mm，用交流电触头法磁化，当触头间距为 100mm 时，按 JB/T 4730 求需要多大的磁化电流。

21. 一截面为 $40\text{mm} \times 50\text{mm}$ 的矩形条钢，长 500mm，用通电法检查纵向缺陷，要求工件表面的磁场强度 $H = 8000\text{A/m}$，求所需的磁化电流。

22. 一钢棒长径比为 5，用电缆缠绕式线圈进行检测，已知线圈为 10 匝，求需要多大的磁化电流。

23. 有一钢制轴长 400mm，直径为 $\phi40\text{mm}$，使用一段时间后，需检查此轴的疲劳裂纹，按 JB/T 4730 选用连续法线圈纵向磁化法，线圈匝数为 20，求磁化电流为多少。

24. 钢制轴类试件长径比为 10，正中放置的匝数为 10 的低充填因素线圈中检查周向缺陷。线圈半径为 $R150\text{mm}$，按 JB/T 4730 需选用多大的磁化电流。

25. 钢制轴类试件长径比为 25，正中放入匝数为 10 的低充填因素线圈中检查周向缺陷，已知线圈半径为 $R150\text{mm}$，需选用多大的磁化电流。

26. 有一长为 200mm、直径为 20mm 的钢制轴类试件需检查周向缺陷。若选用偏心放置低充填因数连续法线圈纵向磁化，线圈匝数为10，则应施加多大的磁化电流？

27. 有一长为500mm、直径为20mm的钢制轴类试件需检查周向缺陷。若选用偏心放置低充填因数连续法线圈纵向磁化法，线圈匝数为10，则应施加多大的磁化电流？

28. 有一空心正方形筒形件，筒外壁边长为100mm，壁厚为10mm，长500。用内径为200mm，长为300mm，匝数为5的线圈进行纵向磁化，检查周向缺陷，按经验公式求磁化电流值。

29. 将 $\phi40mm \times 120mm$ 圆柱形工件用线圈法纵向磁化，线圈内径为220mm，线圈为10匝。（1）当工件偏心放置时，求所需的纵向磁化电流。（2）当工件正中放置时，求所需的纵向磁化电流。（3）若将同规格的三个工件串联偏心放置纵向磁化，求所需的纵向磁化电流。

答案部分

一、判断题

1. ×　2. ×　3. ×　4. √　5. √　6. ×　7. ×　8. ×　9. ×　10. ×　11. ×
12. ×　13. √　14. ×　15. ×　16. ×　17. √　18. √　19. ×　20. ×　21. ×
22. √　23. √　24. √　25. √　26. √　27. √　28. ×　29. √　30. √　31. √
32. √　33. √　34. √　35. √　36. √　37. ×　38. √　39. ×　40. √　41. √
42. √　43. √　44. ×　45. ×　46. √　47. ×　48. √　49. ×　50. √　51. √
52. ×　53. √　54. √　55. √　56. √　57. √　58. √　59. √　60. ×　61. ×
62. √　63. √　64. √　65. ×　66. ×　67. √　68. ×　69. ×　70. √　71. ×
72. ×　73. √　74. √　75. √　76. ×　77. √　78. √　79. √　80. ×　81. ×
82. √　83. √　84. √　85. √　86. √　87. √　88. √　89. √　90. √　91. √
92. √　93. ×　94. ×　95. ×　96. ×　97. √　98. √　99. √　100. √　101. ×
102. √　103. √　104. ×　105. ×　106. ×　107. ×　108. √　109. √　110. √
111. √　112. ×　113. ×　114. ×　115. ×　116. ×　117. √　118. ×　119. ×
120. √　121. ×　122. ×　123. ×　124. √　125. √　126. ×　127. ×　128. ×
129. √　130. √　131. ×　132. √　133. √　134. √　135. ×　136. √　137. ×
138. √　139. ×　140. √　141. ×　142. ×　143. √　144. √　145. √　146. √
147. √　148. √　149. ×　150. √　151. √　152. √　153. ×

二、选择题

1. A　2. D　3. B　4. B　5. D　6. D　7. B　8. D　9. D　10. D　11. A　12.
A　13. C　14. B　15. D　16. C　17. B　18. B　19. A　20. A　21. C　22. C
23. C　24. C　25. A　26. B　27. D　28. A　29. B　30. D　31. B　32. B
33. D　34. C　35. B　36. C　37. A　38. B　39. A　40. D　41. C　42. D
43. B　44. B　45. A　46. C　47. C　48. D　49. D　50. C　51. D　52. B
53. C　54. D　55. D　56. B　57. B　58. A　59. A　60. A　61. D　62. A
63. C　64. C　65. D　66. D　67. D　68. A　69. D　70. A　71. B　72. B
73. A　74. B　75. B　76. D　77. D　78. A　79. B　80. D　81. D　82. A

83. D 84. D 85. D 86. C 87. D 88. C 89. C 90. D 91. D 92. D

93. A 94. D 95. B 96. D 97. D 98. C 89. B 100. A

三、问答题

1. 答：磁粉探伤是指铁磁性材料和工件被磁化后，由于不连续性的存在，使工件表面和近表面的磁力线发生局部畸变而产生漏磁场，吸附施加在工件表面的磁粉，形成在合适光照下目视可见的磁痕，从而显示出不连续性的位置、形状和大小的一种探伤方法。

2. 答：磁粉探伤适用于铁磁性材料表面和近表面尺寸很小、间隙极窄、目视难以看出的不连续性。

3. 答：常用的磁导率有三种：绝对磁导率、真空磁导率、相对磁导率。绝对磁导率是指磁感应强度 B 与磁场强度 H 的比值，用符号 μ 表示，是随磁场大小不同而改变的变量，在 SI 单位制中的单位是亨［利］/米［H/m］。真空磁导率是指在真空中磁导率是一个不变的恒定值，又称为磁常数，用 μ 表示。相对磁导率是指为了比较各种材料的导磁能力，把任一种材料的磁导率和真空磁导率比值，用 μ_r 表示。为一纯数，无单位。

4. 答：磁极化强度的物理意义是：由于被磁化的铁磁性材料内部存在磁畴，如果在磁介质中各点的磁极化强度矢量大小和方向都相同，则该磁化是均匀磁化，否则为非均匀磁化。

5. 答：在没有外磁场作用时，铁磁介质中的磁畴为无序排列，整个铁磁介质对外并不显示磁性。

当有较弱的外磁场作用时，在外磁场的作用下，部分磁畴沿磁场方向作定向排列，从而使铁磁介质内部表现出一定的定向附加磁场。这部分附加磁场随外磁场增加而增加，对应于 B-H 曲线的第一阶段。

随外磁场的加强，磁畴作定向排列的趋向急剧增加，其附加磁场也急剧增加，这对应于 B-H 曲线的第二阶段。

当外磁场增大到一定时，铁磁介质内部磁畴几乎全部趋向于外磁场方向排列。而且这时，磁感应强度 B 达到饱合状态，再增大外磁场强度时，磁感应强度几乎不再增大，这对应 B-H 曲线的第三阶段。

6. 答：磁通量等于磁动势与磁路的磁阻之比。

7. 答：（1）外加磁场强度的影响：外加磁场强度一定要大于产生最大磁导率对应的磁场强度。使磁导率减小，磁阻增大，漏磁场增大。

（2）缺陷位置及形状的影响：缺陷埋藏越浅，缺陷越垂直于表面；缺陷的深宽比越大，其漏磁场越大。

（3）工件表面覆盖层的影响：同样的缺陷，工件表面覆盖层越薄，其漏磁场越大。

（4）工件材料及状态的影响：工件本身的晶粒大小，含碳量的多少，热处理及冷加工都会对漏磁场产生影响。

8. 答：一般碳素体钢中所具有的主要组织是铁素体、珠光体、渗碳体、马氏体及残留奥氏体。铁素体和马氏体呈铁磁性，渗碳体呈弱磁性，珠光体是铁素体和渗碳体的混合物，具有一定的磁性，奥氏体不呈现磁性。

9. 答：（1）磁力线在磁体外，是由 N 极出发穿过空气进入 S 极；在磁体内是由 S 极到 N 极的闭合线；（2）磁力线互不相交；（3）同性磁极相斥，因同性磁极间磁力线有相互排挤的倾向；（4）异性磁极相吸，因异性间磁力线有缩短长度的倾向。

10. 答：（1）工件的尺寸大小；（2）工件的外形结构；（3）工件的表面状态；（4）根据工件过去断裂的情况和各部位的应力分布，分析可能产生缺陷的部位和方向，选择合适的磁化方法。

11. 答：（1）保持电极与工件接触良好；（2）支杆距离应保持在 150 ~ 200mm 左右，磁化电流值约为 600 ~ 800A；（3）每一磁化区域至少应作互相垂直的两次磁化；（4）因属连续法磁化，所以停施磁悬液应在断电以前。

12. 答：交流电在任一瞬间的电流最大值叫峰值，用 I_m 表示。有效值是根据电流的热效应来规定的。交流电通过电阻在一周期内所发的热量和直流电通过同一电阻在相同时间内发出的热量相等时，这样的交流电流值称为有效值，用 I 表示。

13. 答：周向磁化是指给工件直接通电，或者使电流流过贯穿空心工件孔中的导体，旨在工件中建立一个环绕工件并与工件轴线垂直的周向闭合磁场，用于发现与工件轴平行的纵向缺陷，即与电流方向平行的缺陷。周向磁化方法包括通电法、中心导体法、偏置芯棒法、触头法、感应电流法、环形件绕电缆法。

14. 答：纵向磁化是指将电流通过环绕工件的线圈，使工件沿纵长方向磁化的方法，工件中的磁力线平行于线圈的中心轴线。用于发现与工件垂直的周向缺陷。纵向磁化方法包括线圈法、磁轭法、永久磁铁法。

15. 答：使用偏置芯棒法时应注意：（1）采用适当的电流值磁化；（2）有效磁化范围约为芯棒直径 D 的 4 倍；（3）检查整个圆周要转动工件，并要保证相邻检查区域有 10% 的重叠。

16. 答：使用触头法应注意：（1）电极间距应控制在 77 ~ 200mm 之间；（2）根据电极良好的接触，以免烧伤工件；（3）不宜用于抛光工件。

17. 答：（1）线圈法纵向磁化会在工件两端形成磁极，因而产生退磁场，L/D 越小越难磁化，所以 L/D 应较大；（2）工件的纵轴应平行于线圈的轴线；（3）可将工件紧贴线圈内壁放置进行磁化；（4）对于长工件，应分段磁化每一个有效磁化区，并应有 10% 的有效磁场重叠；（5）工件置于线圈中开路磁化，能够获得满足磁粉探伤磁场强度要求的区域称为有效磁化区；（6）对于不能放进螺管线圈的大型工件，可采用绕电缆法（绕3~5匝）磁化。

18. 答：磁轭法可分为整体磁化和局部磁化。

整体磁化应注意：（1）只有磁极截面大于工件截面时，才能获得好的探伤效果；（2）应尽量避免工件与电磁轭之间的空气间隙；（3）当极间距大于1m时，工件不能得到必要的磁化；（4）形状复杂且较长的工件，不宜采用整体磁化。局部磁化应注意：（1）有效的磁化范围；（2）工件上的磁场分布；（3）便携式电磁轭分固定式与活动关节式两种磁极，活动关节越多，磁阻越大，工件上得到的磁场强度越小；（4）便携式电磁轭要通过测量提升力控制探伤灵敏度；（5）磁极与工件接触不良，有间隙存在，对磁场强度有一定影响；（6）交流电磁轭，由于趋肤效应，检验表面缺陷灵敏度高；（7）直流电磁轭较交流电磁轭对近表面缺陷有更高的检出能力；（8）直流电磁轭不适用厚工件的探伤；（9）永久磁铁可用于无电源现场和野外检验。但在检验大面积或大部件时，不能提供足够的磁场强度，磁场大小不能调节，也不容易从工件上取下来，磁极上吸附的磁粉不易除掉，并且可能把缺陷显示弄模糊。

19. 答：（1）磁化电源：是磁粉探伤机的主要部分，也是核心部分，其作用是提供磁化电流，使工件得到磁化；（2）工件夹持装置：通过夹持工件的磁化夹头和触头来传递磁化电流和磁化磁场；（3）指示装置：主要包括电流表和电压表；（4）磁粉和磁悬液喷洒装置：由磁悬液槽、电动泵、软管和喷嘴组成、且于贮存、搅拌和喷洒磁悬液及磁粉；（5）螺管线圈：可进行纵向磁化。

20. 答：按磁痕观察分为荧光磁粉和非荧光磁粉。按施加方式分为湿法磁粉和干法磁粉。

21. 答：（1）磁特性：具有高磁导率和低矫顽力及低剩磁；（2）粒度适当均匀：湿法用磁粉的平均粒度为 $2~10\mu m$，最大粒度应不大于 $45\mu m$；干法用磁粉的平均粒度不大于 $90\mu m$，最大粒度应不大于 $180\mu m$；（3）形状：按一定比例的条形、球形和其他形状的混合物；（4）密度适中；（5）识别度：指磁粉的光学性能，包括磁粉的颜色、荧光亮度及与工件表面颜色的对比度要大。

22. 答：磁悬液浓度对显示缺陷的灵敏度影响很大，浓度不同，检测灵敏度也不同。浓度太低，影响漏磁场对磁粉的吸附量，磁痕不清晰会使缺陷漏检；浓度太高，会在工件表面滞留很多磁粉，形成过度背影，甚至会掩盖相关显示。

23. 答：湿法非荧光磁粉的验收试验包括：污染、颜色、粒度、灵敏度、磁性和悬浮性。

24. 答：水磁悬液检验灵敏度较高，粘度小，有利于快速检验，不可燃、安全。缺点是有时会使被检试件生锈。油磁悬液有利于检查带油试件的表面，检验速度较水磁悬液慢，成本高，清理较困难。

25. 答：因为影响磁粉探伤灵敏度的因素很多，使用灵敏度试片的目的在于：检验磁粉和磁悬液的性能；在连续法中确定试件表面有效磁场的大小和方向；检查磁粉探伤方法是否正确；以及确定综合因素所形成的系统灵敏度是否符合要求。

26. 答：灵敏度试片必须在连续法中使用，根据试件材质等情况选用灵敏度试片的类型，将开槽的一面贴在试件上，并用有效但又不影响磁痕形成的方法紧固在试件上。磁化时，认真观察磁痕的形成及磁痕的方向、强弱和大小。

27. 答：（1）用于检验磁粉探伤设备、磁粉和磁悬液的综合性能（系统灵敏度）；（2）用于检测被检工件表面的磁场方向，有效磁化范围和大致的有效磁场强度；（3）用于考察所用的探伤工艺规程能否检测出已知大小的缺陷；（4）当无法计算复杂工件的磁化规范时，将小而柔软的试片贴在复杂工件的不同部位，可大致确定较理想的磁化规范。

28. 答：为了得到与工件表面的高对比度，使缺陷磁痕显示容易被发现。

29. 答：按 JB/T4730 规定：应采用梨形管测定磁悬液的沉淀体积来确定。在取样前通过循环系统旋转磁悬液至少 30min，取 100mL 磁悬液，并允许它沉淀大约 30min。在试管底部的沉淀体积表示磁悬液中的磁粉浓度。

30. 答：磁粉探伤的主要工艺过程，指从磁粉探伤的预处理、磁化工件（选择磁化方法、磁化规范和安排在合适的工序）、施加磁粉（根据工件要求选择湿法或干法，根据材料的剩磁 B_r 和矫顽力 H_c 选择连续法或剩磁法检验并施加磁粉）、磁痕分析（包括磁痕评定和工件验收）、退磁和到检验完毕进行后处理这六个步骤。

31. 答：（1）分解后可见到所有的表面；（2）分解后可避免交界面上的漏磁场，不会使检验发生混淆；（3）分解的零件通常比较容易磁化，便于探伤操作。

32. 答：磁化规范是指对工件磁化，选择磁化电流值或磁场强度值所遵循的规则。

33. 答：制定磁化规范的方法有：（1）用经验公式计算；（2）用仪器测量工件表面的磁场强度；（3）测绘钢材磁化特性曲线；（4）用标准试片确定大致的磁化规范。

34. 答：磁粉探伤灵敏度是指检测最小缺陷的能力，可检出的缺陷越小，探伤灵敏度就越高，所以磁粉探伤灵敏度是指绝对灵敏度。

35. 答：影响磁粉探伤灵敏度的主要因素有：（1）磁场大小和方向的选择；（2）磁化方法的选择；（3）磁粉的性能；（4）磁悬液的浓度；（5）设备的性能；（6）工件形状和表面粗糙度；（7）缺陷的性质、形状和埋藏深度；（8）正确的工艺操作；（9）探伤人员的素质；（10）照明条件。

36. 答：磁粉探伤-橡胶铸型法是将磁粉探伤所显示出来的缺陷磁痕，采用室温硫化硅橡胶加固化剂，形成的橡胶铸型进行复印，再对复印所得的橡胶铸型进行目视或在光学显微镜下进行磁痕分析。橡胶铸型法的应用范围包括：（1）适用于剩磁法，可检测工件上不小于3mm孔径内壁的不连续性；（2）能间断跟踪检测疲劳裂纹的产生和发展；（3）复印缺陷磁痕的橡胶铸型可永久保存。

37. 答：磁粉探伤-橡胶铸型法的优点如下：（1）检测灵敏度高，可发现长度为$0.1 \sim 0.5$mm的早期疲劳裂纹；（2）能够精确测量橡胶铸型上的裂纹长度，并能通过间断跟踪检测疲劳裂纹的扩张，从而推断其扩展速率；（3）裂纹磁痕与背景对比度高，容易辨认；（4）工艺可靠，容易掌握，适用于外场检验；（5）橡胶铸型可作为永久记录，长期保存。

38. 答：连续法是指在外加磁场磁化的同时，将磁粉或磁悬液施加在工件上进行磁粉探伤的方法。连续法适用于：（1）所有铁磁性材料和工件的磁粉探伤；（2）工件形状复杂不易得到所需的剩磁；（3）表面覆盖层较厚的工件；（4）适用于剩磁法检验时，设备功率达不到要求的磁化电流或安匝数。

39. 答：剩磁法是指停止磁化后，再将磁粉或磁悬液施加到工件上进行磁粉探伤的方法。剩磁法适用于：（1）经过热处理（淬火、回火、渗碳、渗氮及局部正火等）的高碳钢和合金结构钢，矫顽力在800A/m以上，剩磁在0.8T以上者，才可进行剩磁法检验；（2）用于因工件几何形状限制连续法难以检验的部位；（3）用于评价连续法检验出的磁痕显示，属于表面还是近表面缺陷显示。

40. 答：磁痕的观察和评定一般应在磁痕形成后立即进行，使用非荧光磁粉检验，必须在能够充分识别磁痕的日光或白光照明下进行。在被检工件表面的白光照度不应低于500lx。使用荧光磁粉检验：应在环境光照度小于20lx的暗室中进行。工件被检面处的紫外线强度应不小于$1000\mu W/cm^2$。检验人员进入暗室后，在检验前应至少等候5min以上，使眼睛适应在暗室中工作。检验人员连续工作时，期间应适当休息，防止眼睛疲劳，影响磁痕观察。

41. 答：（1）正确的磁痕分析可以避免误判，区别相关显示、非相关显示或伪显示；（2）由于磁痕显示能反映出不连续性和缺陷的位置、形状和大小，并可大致确定缺陷的性质，可为产品设计和工艺改进提供较可靠的信息；（3）在工件使用后进行磁粉探伤用于发现疲劳裂纹，并可间断检测和监视疲劳裂纹的扩展，可以做到早预防，避免设备和人身事故发生。

42. 答：引起非相关显示的因素有：（1）磁极和电极附近；（2）工件截面突变；（3）磁写；（4）两种材料交界处；（5）局部冷作硬化；（6）金相组织不均匀；（7）磁化电流过大。

43. 答：如果磁粉探伤机出现内部短路，电流表指示的则不是通过工件的真实电流，就可能造成磁粉探伤时因磁化规范偏小而造成批量性漏检。

44. 答：主要包括以下方面：

（1）人员资格的控制：凡从事磁粉探伤的人员，都必须经过培训，按相应部门的考规，进行考核鉴定，取得技术等级资格证，才能从事相应等级的磁粉探伤工作并负相应技术责任。定期体检，视力等符合要求。

（2）设备的质量控制：正确选择、使用有关磁粉探伤设备、仪器，并进行定期周检，符合标准要求的方可使用。

（3）材料的质量控制：正确选择、正确使用有关磁粉探伤用材料，并按规定进行鉴定，周检合格的方可使用。

（4）检测工艺的控制：①要有齐全、正确、现行有效的技术文件，并严格按有关标准规范和检验规程执行；②每天开始工作前，进行综合性能试验，符合要求的灵敏度等级方可进行检验工作。

（5）检测环境的控制要符合有关标准、规程要求，进行定期周检，安全防火措施符合要求。

四、计算题

1. 解：由题可知，$B = 4T$，$H = 800A/m$，则由公式 $B = \mu H$，可得磁导率 $\mu = B/H = 5 \times 10^{-3}$，相对磁导率 $\mu_r = \mu/\mu_0 = 5 \times 10^{-3}/(4\pi \times 10^{-7}) = 3.98 \times 10^3$

2. 解：磁场强度 $H = B/(\mu_r\mu_0) = 1/(400 \times 4\pi \times 10^{-7}) = 1990A/m$

3. 解：5cm 处闭合回路包围的电流强度 $I_1 = \dfrac{\pi r_1^2}{\pi r_0^2} \times I_0 = \dfrac{25}{100} \times 4000 = 1000A$。则磁场强度 $H_1 = I_1/(2\pi r_1) = 3185A/m$。

10cm 处闭合回路包围的电流强度 $I_2 = 4000A$，则磁场强度 $H_2 = I_2/(2\pi r_2) = 6369A/m$。

15cm 处闭合回路包围的电流强度 $I_3 = 4000A$，则磁场强度 $H_3 = I_3/(2\pi r_3) = 3185A/m$。

若圆柱的相对磁导率为 400，则由公式 $B = \mu_r\mu_0 H$，可得 5cm 处磁感应强度 $B_1 = 1.6T$，10cm 处磁感应强度 $B_2 = 3.2T$，15cm 处磁感应强度 $B_3 = \mu_0 H = 4 \times 10^{-3}T$。

4. 解：方钢的当量直径为 $D = 2(a + b)/\pi = 2 \times (60mm \times 60mm)/3.14 = 76.42mm = 0.07642m$。

由 $H = \pi D$，可得 $I = \pi D H = 1920A$。

5. 解：钢棒直径 $D = 60mm$，依公式 $H = 4I/D$，可知钢棒表面的磁场强度为 $H = (4 \times 1500/60)Oe = 100Oe = 8000A/m$

6. 解：内径 $r_0 = 14mm/2 = 7mm$，外半径 $= r_0 + \delta = 7mm + 6mm = 13mm$，$I = 750A$，由公式 $H = 2I/r$ 可导出磁化强度：

内壁 $(2 \times 750/7)Oe = 214.3Oe$

$$外壁(2 \times 750/13)Oe = 115.4Oe$$

7. 解：$r = d/2 = 100mm/2 = 50mm$；而 $H = 2I/r$，$I = H \times r/2 = (20 \times 50/2)A = 500A$

8. 解：$H = 4800A/m$，$R = 150mm$，$L = 50mm$，由公式 $H_端 = NI/[2(L^2 + R^2)^{1/2}]$

可得 $NI = 1518$

9. 解：工件半径 $R = D/2 = 50mm/2 = 25mm = 0.25m$，由公式 $H = I/2\pi R$，可得 $I = 2\pi RH$，将 $R = 25mm$，$H = 2400A/m$ 代入上式，可得 $I = 375A$。

10. 解：$D = 25mm = 0.025m$

由公式 $H = 4I/D$ 可得

$$H = (4 \times 375/25)Oe = 60Oe = 4800A/m$$

11. 解：依磁感应线的边界条件 $B_{1n} = B_{2n}$，可知：

$$B_{2n} = B_{1n} = B_1 \times \cos\alpha_1 = 0.8T \times \cos89.9° = 0.0014T$$

12. 解：$I_有 = [1/(2)^{1/2}]I_幅$，$I_幅 = (2)^{1/2} \times I_有 = 1.414 \times 400A = 565.6A$

13. 解：$I_{eff} = I_m/\sqrt{2}$，所以可得

峰值电流 $I_m = 2828A$。

14. 解：检查纵向缺陷应采用周向磁化，当采用直接通电法磁化时，按 JB/T 4730 确定磁化规范值。选用直流、整流电连续法，磁化电流为 $I = (10 \sim 20)D$，选用上限灵敏度探伤，取 $I = 20D$，磁化电流应为：$I = (20 \times 120)A = 2400A$。

15. 解：$r_内 = D_内/2 = 40mm/2 = 20mm = 0.02m$

$$r_外 = D_外/2 = 26mm = 0.026m$$

$$H_内 = I/(2\pi r_内) = [800/(2 \times 3.14 \times 0.02)]A/m \approx 6400A/m$$

$$H_外 = I/(2\pi r_外) = [800/(2 \times 3.14 \times 0.026)]A/m \approx 4900A/m$$

16. 解：依 JB/T 4730 标准，当芯棒直径 $d = 50mm$，工件壁厚 $T = 12 \sim 15mm$ 时，磁粉电流应为 $1750 \times (1 \pm 10\%)A$；当芯棒直径为 $50mm$，每减小 $12.5mm$ 时，电流应减少 $250A$。

$$I = 1750A - [(50 - 25)/12.5 \times 250]A = 1250A$$

检测区范围为 $4d$，$4d = 4 \times 25mm = 100m$

工件外壁周长为：$L = \pi\phi = 3.14 \times 159mm = 500mm$

考虑到检测区应有 10% 的重叠，所以完成全部表面的检测次数为：

$$N = \frac{L}{4d(1 - 10\%)} = 500/90 = 5.6$$

取整 $N = 6$

17. 解：依试件厚度 $T = 50 > 20$，应选 $I = (4 \sim 5)L$

取其上限值，即有 $I = 5L = 5 \times 150\text{A} = 750\text{A}$

18. 解：依试件厚度 $T < 20\text{mm}$，应选 $I = (3 \sim 4)L$

取其下限值以求最大间距 L_m，即有 $I_m = 3L_m$

所以 $L_m = I_m/3 = 500\text{mm}/3 = 167\text{mm}$

19. 解：$H = NI/2\pi\overline{R}$，则 $I = \dfrac{2\pi\overline{R}}{N} \times H$

法兰厚度 $T = (D - d)/2 = (1000 - 800)\text{mm}/2 = 100\text{mm}$

则 $\overline{R} = r + \dfrac{T}{2} = 400\text{mm} + 100\text{mm}/2 = 450\text{mm} = 0.45\text{m}$

$$I = \frac{2\pi \times 0.45 \times 2400}{2}\text{A} = 339\text{A}$$

20. 解：$T \geqslant 20\text{mm}$，$I = (4 \sim 5)$ 倍触头间距，$I = (4 \sim 5) \times 100\text{A} = 400 \sim 500\text{A}$

21. 解：计算当量直径 $D = $ 周长$/\pi = (40 + 50) \times 2/\pi = \dfrac{180}{\pi}\text{mm} = \dfrac{180}{\pi} \times 10^{-3}\text{m}$

计算磁化电流 $I = \pi D \times H = \left(\pi + \dfrac{180}{\pi} \times 10^{-3} \times 8000\right)\text{A} = 1440\text{A}$

22. 解：$I = \dfrac{35000}{N[(L/D) + 2]} = \dfrac{35000}{10(5 + 2)}\text{A} = 500\text{A}$

23. 解：在低充填因数线圈中偏心放置，依经验公式 $NI = \dfrac{45000}{L/D}$

可有 $I = \dfrac{45000}{N(L/D)}$，将 $N = 20$，$L/D = 10$ 代入上式，可得 $I = 225\text{A}$。

24. 解：依 JB/T 4730 标准，应选用经验公式：

$$NI = \frac{K_2 R}{6(L/D) - 5}$$

由上式可得 $I = \dfrac{K_2 R}{N[6(L/D) - 5]}$

将 $k_2 = 1720$（经验常数）、$R = 150\text{mm}$、$N = 10$、$L/D = 10$ 代入上式，可得 $I = 469\text{A}$。

25. 解：依 JB/T 4730 标准，应选用经验公式：

$$NI = \frac{K_2 R}{6(L/D) - 5}$$

由上式可得 $I = \dfrac{K_2 R}{N[6(L/D) - 5]}$

$L/D = 25 > 10$，取 $L/D = 10$，将 $k_2 = 1720$（经验常数）、$R = 150\text{mm}$、$N = 10$、$L/D = 10$ 代入上式，可得 $I = 469\text{A}$。

26. 解：工件长径比为 $L/D = 200/20 = 10$。采用在低充值填因数圈中偏心旋

转纵向磁化，依经验公式 $NI = \dfrac{45000}{L/D}$

将 $N = 10$，$L/D = 10$ 代入上式，可得 $I = 450A$。

27. 解：工件长径比为 $L/D = 500/20 = 25 > 10$，取 $L/D = 10$，采用在低充值填因数圈中偏心放置纵向磁化，依经验公式 $NI = \dfrac{45000}{L/D}$

故有 $I = \dfrac{45000}{N(L/D)}$

将 $N = 10$，$L/D = 10$ 代入上式，可得 $I = 450A$。

28. 解：①计算填充系数 τ，确定计算公式。

$$\tau = S_1 : S_2 = \pi D^2/4 : a^2 = \pi \times 200^2/4 : 100^2 = 3.14 \approx 3$$

$10 > \tau = 3.14 > 2$，应选用中填充系统公式

$$IN = (IN)_h \times (10 - \tau)/8 + (IN)_l(\tau - 2)/8$$

② 计算 D_{eff} 和 L/D。

$$D_{eff} = \sqrt{100^2 - (100 - 10)^2/\pi}\,mm = 49.18mm$$

$L/D = 500/49.18 = 10.16 > 10$，取 $L/D = 10$

③ 计算 $(IN)_h$ 和 $(IN)_l$ 及 IN 值。

$(IN)_h = 35000/(L/D + 2) = 35000/(10 + 2) = 2916.6$ 安匝 $= 2920$ 安匝

$(IN)_l = 45000/(L/D) = 45000/10 = 4500$ 安匝

$$IN = (IN)_h \times (10 - \tau)/8 + (IN)_l(\tau - 2)/8$$
$$= 2920 \times (10 - 3)/8 + 4500 \times (3 - 2)/8$$
$$= 3117.5 \text{ 安匝} = 3120 \text{ 安匝}$$

④ 计算 I。

$$I = IN/N = 3120A/5 = 624A = 630A$$

29. 解：（1） $I = D^2/d^2 = 220^2/40^2 = 30.25$，属于低填充系数磁化，$L/D = 120/10 = 3$

$$I = \dfrac{45000}{N(L/D)} = \dfrac{45000}{10 \times 3} = 1500A$$

（2） $I = \dfrac{1690R}{N[(L/D) - 5]} = \dfrac{1690 \times 110}{10 \times (6 \times 3 - 5)} = \dfrac{185900}{10 \times 13} = 1430A$

（3） 串联时 $L/D = (3 \times 120)/40 = 9$

$$I = \dfrac{45000}{N(L/D)} = \dfrac{45000}{10 \times 9} = 500A$$

附 录

一、磁粉检测综合性能试验

1. 试验目的

1）掌握使用自然缺陷样件、交流试块、直流试块和标准试片测试综合性能的方法。

2）了解和比较使用交流电和整流电磁粉探伤的探测深度。

2. 实验设备和器材

1）交流磁粉探伤仪（机）一台。

2）直流（或整流电）磁粉探伤仪（机）一台。

3）交流试块和直流试块各一个。

4）带有自然缺陷（如发纹、磨裂、淬火裂纹及皮下裂纹等）的试样若干，标准试片（A型）一套。

5）标准铜棒一根。

6）磁悬液一瓶。

3. 实验原理

磁粉探伤的综合灵敏度是指在选定的条件下进行探伤检查时，通过自然缺陷和人工缺陷的磁痕显示情况来评价和确定磁粉探伤设备、磁粉及磁悬液和探伤方法的综合性能。通过对交流和直流试块孔的深度磁痕显示，了解和比较使用交流电和整流电磁粉探伤的探测深度。

4. 实验方法

1）将带有自然裂纹的样件按规定的磁化规范进行磁化，用湿连续法检验，观察磁痕显示情况。

2）将交流试块穿在标准铜棒上，夹在两磁化夹头之间，用700A（有效值）或1000A（峰值）交流电磁化，并依次将第一、二、三孔放在12点钟位置。用湿连续法检验，观察在试块环圆周上有磁痕显示的孔数。

3）将直流试块穿在标准铜棒上，夹在两磁化夹头之间，分别用表1中所列的磁化规范，用直流电（或整流电）和交流电分别磁化，并用湿连续法检验，观察在试块圆周上有磁痕显示的孔数。

4）分别将标准试块用透明胶纸贴在交流试块、直流试块及自然缺陷样件上（贴时不要掩盖试片缺陷），用湿连续法检验，观察磁痕显示。

5. 实验报告要求

1）记录带有自然缺陷样件的实验结果。

2）记录交流标准试块的实验结果。

3）将交流电和直流电（或整流电）磁化直流标准试块的实验结果填入表A-1中。

表 A-1　标准试块的实验结果

磁悬液种类	磁化电流／A	交流显示孔数	直流显示孔数
非荧光磁粉湿法检验	1400		
	2500		
	3400		
荧光磁粉湿法检验	1400		
	2500		
	3400		

4）根据要求填写试验报告。

5）实验讨论

① 比较直流磁化和交流磁化的探伤深度。

② 比较荧光磁悬液和非荧光磁悬液的探伤灵敏度。

③ 讨论电流种类和大小对自然缺陷探伤灵敏度的影响。

二、磁粉的粒度测定（酒精沉淀法）

1. 实验目的

1）掌握酒精沉淀法测量磁粉粒度的方法。

2）根据磁粉的悬浮性判定磁粉的质量。

2. 实验设备和器材

1）测量装置见图1。一个长为40cm的玻璃管，其内径为 $\phi(10 \pm 1)$ mm，可在支座上用夹子垂直夹紧。管子上有两处刻度，一处在下塞端部水平线上，另一处在前一刻度30cm处，支座上竖有刻度尺，其刻度为 $0 \sim 30$ cm。

2）工业天平（$0 \sim 2$ kg）一架。

3）磁粉试样20g。

4）无水乙醇1kg。

3. 实验原理

磁粉的粒度，即磁粉的颗粒大小，对磁粉探伤灵敏度影响很大。磁粉的粒度大小，决定了其在液体中的悬浮性。由于酒精对磁粉的润湿性能好，所以可用酒精作为分散剂，测量磁粉在酒精中的悬浮情况来表示磁粉粒度大小和均匀性。一般规定酒精磁粉悬浮液在静止3min后磁粉沉淀高度不低于180mm为合格。

4. 实验方法和步骤

1）用天平称出3g未经磁化的磁粉试样。

2）将玻璃管的一端堵上塞子，并向管内倒入150mm高的酒精。

3）将称好的磁粉试样倒入管内，用力摇晃到均匀混合。

4）再向管内倒进酒精至300mm高。

5）将玻璃管上端堵上塞子，反复倒置玻璃管，使酒精和磁粉充分混合。

6）停止摇晃后即开始计时并迅速平稳地将玻璃管固定于支座夹子上，使管子上端刻度对准支座上的刻度尺300mm处。

7）静置3min。测量酒精和磁粉明显分界处的磁粉柱的高度。

8）按上述步骤试验三次，每次更换新的磁粉和酒精，取三次测量结果的平均值，并做好记录。

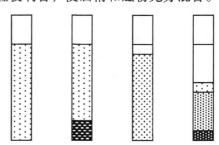

图 A-1　酒精沉淀磁粉悬浮情况

9）检验过程中，还应仔细观察磁粉悬浮的情况，图A-1所示为磁粉在酒精中悬浮的状态。

5. 实验报告要求

1）将实验结果填入表A-2中。

表 A-2　磁粉粒度试验记录

磁粉规格型号	取样数量	磁粉柱高度/mm				磁粉悬浮及粒度均匀性
		第一次	第二次	第三次	平均	

2）填写实验记录和报告，内容包括磁粉规格型号，实验方法和条件，磁粉柱高度和磁粉悬浮液均匀性等。

3）实验讨论。

① 本实验为什么能测定磁粉的粒度？

② 影响测量结果的因素有哪些？

三、磁悬液浓度及磁悬液污染检查

1. 实验目的

1）掌握磁悬液浓度的测量方法。

2）熟悉磁悬液浓度范围。

3）掌握磁悬液污染的试验方法。

4）了解磁悬液污染的特征。

2. 实验设备和器材

1）磁粉沉淀管 2 只。

2）已知浓度的标准磁悬液。

荧光磁悬液按 1g/L、2g/L 和 3g/L 配制，非荧光磁悬液按 10g/L、20g/L 和 30g/L 配制，各取样品 500mL。

3）待测磁悬液样品为 500mL，该样品的配制方法和成分应和标准磁悬液相同。

4）200mL 量筒 2 只。

5）白光灯和紫外灯各一台。

3. 实验原理

磁悬液在平静状态时，磁粉将发生沉淀，根据沉淀的多少可以确定磁悬液的磁粉浓度。磁粉沉淀量是随时间增加而增多，当达到一定时间后，将完成全部沉淀。磁粉沉淀管中的磁粉沉淀层高度与磁悬液浓度呈线性关系。

若磁悬液发生了污染，在磁粉沉淀过程中沉淀物将出现明显的分层。当上层污染物体积超过下层磁粉体积的 30% 时为污染。

4. 实验方法

（1）磁粉浓度曲线制作

1）将装有标准磁悬液容器晃动不少于 5min，然后取 100mL 磁悬液倒入磁粉测定管中，静置放置。煤油磁悬液和水磁悬液放置 60min，变压器油磁悬液放置 24h。

2）静置放置到一定时间后读出磁粉沉淀高度。三种待测样品可得到三个沉淀高度数据 h_1、h_2 和 h_3。

3）磁悬液标准含量（X_1、X_2 和 X_3）及对应的磁粉沉淀高度（h_1、h_2 和 h_3）

分别对应横坐标和纵坐标，可得到磁粉浓度的关系曲线，如图 A-2 所示。

（2）待测样品的浓度测试

1）浓度测试按标准磁悬液的试验方法读出待测磁悬液的磁粉沉淀高度。

2）待测样品的浓度评价。

① 直接按沉淀高度评价。一般规定磁粉沉淀高度（读数为沉淀容积，单位为 mL）荧光磁粉为 $0.1 \sim 0.5$ mL，非荧光磁粉为 $1.2 \sim 2.5$ mL。

② 测量磁悬液的浓度含量（即每升磁粉克数）。

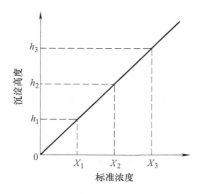

图 A-2　标准磁悬液沉淀高度图

a. 图示法。在图 2 中的纵坐标上查到待测样品的沉淀高度，根据浓度和高度的关系直线，查出其在横坐标上的对应值，即为磁悬液实际浓度值。

b. 计算法。待测样品的浓度值设为 c，则有下式：

$$c = c_0 h / h_0$$

式中　c_0——标准样品的浓度值；

　　　h——待测样品的沉淀高度；

　　　h_0——准样品的沉淀高度。

（3）待测样品的污染检查　观察梨形管中的沉淀物是否有分层出现，若有且上层污染物体积超过下层磁粉体积的 30% 时为污染。

5. 实验报告要求

（1）实验记录和报告　应对每次新配的磁悬液进行浓度测定，其值作为标准并详细记录，并留少量样品。磁悬液使用中应定期进行浓度测定和污染检查，填写测定记录和测定报告，并应和标准样品值及规定值对照评价。

（2）实验讨论

1）磁悬液浓度测定应掌握好哪些因素？

2）试分析磁粉沉淀量和时间的关系。

3）磁悬液产生污染有哪些原因？

四、磁悬液润湿性测定

1. 实验目的

1）了解水磁悬液润湿性的水断法试验方法。

2）了解水磁悬液润湿性能的意义。

2. 实验设备和器材

1）水磁悬液样品适量。

2）量杯（500mL）1只。

3）碳结钢试棒（$\phi 40mm \times 80mm$）2个。要求试棒表面光滑，不允许上面有油污。

4）清洗剂（SP-1型或其他类型）适量。

5）添加剂、消泡剂、防锈剂和乳化剂等适量。

3. 实验原理

使用水磁悬液时，如果工件表面有油污或者水磁悬液本身润湿性能差，则该磁悬液不能均匀地浸润到工件的整个表面，出现磁悬液覆盖层的破断，在探伤时容易造成缺陷的漏检。因此对于用水磁悬液的工件应先用清洗剂进行去油污处理，然后对水磁悬液进行润湿性能试验，即水断试验。当将水磁悬液喷洒在工件表面上时，如果磁悬液在整个工件表面上是连续均匀的，则说明磁悬液中已含有足够的润湿剂。如果磁悬液覆盖层在工件表面上断开，出现工件表面部分裸露，或者形成水悬液的液珠，则可以认为该表面为水断表面，说明在该磁悬液中缺少润湿剂。

4. 实验方法

1）在每升干净的自来水中，加入5%的清洗剂（SP-1），搅拌均匀，配制时水温为40℃。

2）将试棒放入清洗剂中清洗。两试棒可采用不同的清洗剂和清洗时间。

3）将清洗过的试棒浸入含有润湿剂、防锈剂和消泡剂的水磁悬液中，取出后观察工件表面的水磁悬液薄膜是连续的还是断开的或是破损的。

5. 实验报告要求

1）对实验结果作记录。说明选择的水磁悬液的种类、配方、清晰情况和水断试验结果。

2）实验讨论。

① 实验前清洗工件表面的目的是什么？

② 润湿剂的作用是什么？

五、退磁及剩磁测量实验

1. 实验目的

1）了解各种退磁技术的操作方法和应用范围。

2）熟悉各种剩磁测量仪器的使用方法。

3）了解工件上允许剩磁大小的标准。

2. 实验设备与器材

1）交直流磁粉探伤机1台。

2）便携式磁粉探伤机1台。

3）退磁机 1 台。

4）XCJ 型磁强计 1 台。

5）CT3 型特斯拉计 1 台。

6）试件 2 个，分别用低碳钢和高碳钢经退火处理制作。其形状和尺寸见图 A-3。试件上纵向刻槽从一端开始长 50mm，深和宽均为 2mm。

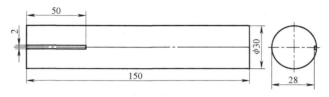

图 A-3　退磁试验用试件

3. 实验原理

工件中的剩磁在外加交变磁场作用下，其剩磁也不断地改变方向。当外加交变磁场逐渐减少至零时，工件中的剩磁也逐渐衰减直至趋近于零。不同成分的钢件退磁效果不一样。可以依靠磁场测量仪器测量出工件的剩磁，以确定退磁效果。不同用途的零件其要求的剩磁标准也是不同的。如航空零件的剩磁要求不大于 0.3mT（毫特斯拉）。

4. 实验方法

（1）周向磁化剩磁的退磁

1）周向磁场退磁法　在试件中通以不断减少直至零的交流电或不断改变方向且逐渐减少至零的直流电，注意退磁时的初始电流应大于该试件的充磁电流值。

2）纵向磁场退磁法　在试件中纵向施加一个强大磁场，然后逐渐改变磁场方向并逐渐减少至零，便可退掉周向剩磁。注意开始施加的磁场一般不小于 20000A/m。

3）剩磁测量方法　试件周向退磁后，将剩磁测量仪器的测头靠近试件刻槽并沿刻槽边移动，测量周向剩磁的大小。

（2）纵向磁化剩磁的退磁

1）工件穿过线圈法。将试件从通以交流电线圈的一侧移近并通过线圈到另一侧，至离开线圈 1.5m 以上即达到退磁目的。注意试件在移动时应平稳，其轴线和线圈轴线一致，同时要求线圈中心磁场强度不小于 20000A/m。

2）纵向磁场衰减法。试件置于线圈中心，两轴线重合。若线圈通以交流电，则使交流电逐渐减少并降至零；如线圈通以直流电，则在不断改变方向的同时逐渐使电流减少并降至零，便可达到退磁的目的。注意开始退磁时，线圈中心磁场强度应大于试件充磁的磁场强度，一般要求不低于 20000A/m。

3）工件翻动退磁法。利用直流磁化线圈进行纵向退磁，可将试件从线圈穿过并水平移出，同时每移动 50mm，试件头尾翻一次，直至试件离开线圈 1.5m 以外。此种退磁方法也要求线圈的退磁磁场强度应不小于工件充磁时的磁场强度。

4）剩磁测量方法。试件纵向退磁后，将剩磁测量仪器的测头靠近试件两端，不断移动或翻动测头，找出仪器最大的剩磁指示值。

（3）工件磁化区域的局部分段退磁　用便携式电磁轭磁粉探伤仪，直接放置到需要退磁的工件被磁化部位，将电磁轭探伤仪垂直于工件表面慢慢提起并脱离工件，至工件表面 1m 以外后停止电磁轭的供电，便可以达到局部退磁的效果。此种办法可用于大型制件的磁化区域的部分退磁，也适用于小型工件单件纵横向退磁。

利用本实验的试件进行退磁试验时，将试件夹于电磁轭两极间，将电磁轭慢慢提起至 1m 以外停电即可退磁。

局部退磁的剩磁测量对于大型工件只能进行相对测量，如工件有断面部分或有沟槽，可将剩磁测量仪器的测头放在断面或沟槽部位测量剩磁。本实验中试件退磁测量和上述内容相同。

5. 实验报告要求

（1）将实验结果填入表 A-3。

表 A-3　各种退磁方法的剩磁测量结果

退磁方法	周向剩磁退磁		纵向剩磁退磁			局部退磁
	周向磁场退磁法	纵向磁场退磁法	工件穿过线圈法	纵向磁场衰减法	工件翻动退磁法	马蹄形交流电电磁轭退磁法
剩磁（T）						

（2）实验讨论

1）比较各种退磁方法的优缺点。

2）简述各种剩磁测量仪器的特点和使用性能。

3）使工件退磁的基本条件是什么？

◇◇◇ 附录B　术语

1. 无损检测通用术语

1.1　无损检测（NDT）—Nondestructive Testing

以不损害被检对象对未来用途和功能的方式，为探测、定位、测量和评定缺陷，评估完整性、性能和成分，测量几何特征，而对原材料和零（部）件所进行的检验、检查和测试。

1.2　无损评价—Nondestructive Evaluation

见1.1。

1.3　无损检验—Nondestructive Examination

见1.1。

1.4　无损探伤—Nondestructive Inspection

见1.1。

1.5　无损检测方法—NDT method

应用物理原理进行无损检测的学科。例如，磁粉检测、超声检测等。

1.6　无损检测技术—NDT technique

无损检测方法的具体应用途径。例如磁粉检测中的连续法和剩磁法；超声检测中的接触法、液浸法等。

1.7　无损检测规程—NDT procedure

叙述某一无损检测方法对一类产品如何进行检测的程序性文件。

1.8　无损检测工艺卡—NDT technique sheets（NDT Data cards）

无损检测指导书—NDT instruction

详细叙述某一无损检测方法的一种无损检测技术对特定零（部）件或装配结构实施检测所应遵循的准确步骤的作业文件。

1.9　不连续—discontinuity

原材料或零（部）件组织、结构或外形的间断。

1.10　缺陷—flaw

应用无损检测方法可以检测到的非结构性不连续。

1.11　超标缺陷—defect

尺寸、形状、取向、位置或性质不满足指定的验收标准，从而导致拒收的缺陷。

1.12　显示—indication

无损检测获得的响应或痕迹。

1.13　解释—interpretation

确定显示是伪显示、非相关显示还是相关显示的过程。

1.14　评定—evaluation

对原材料或零（部）件的相关显示进行分析，根据验收标准做出验收或拒收决定的过程。

1.15　验收—acceptance

按照一定标准进行检验后，对符合验收标准的被检对象收下或认可的行为。

1.16　验收标准—acceptance criteria

用于确定被检对象合格与否的准则。

1.17　验收等级—acceptance level

为验收或拒收设定的、由规定的成组参数组成的门槛。

1.18　拒收—rejection

按照一定标准进行检验后，对不符合验收标准的被检对象拒绝接受的行为。

2. 磁粉检测一般概念

2.1　磁粉检测（MT）—magnetic particle testing

磁粉检验—magnetic particle inspection

利用漏磁场和合适的检测介质发现试件表面和近表面的不连续的无损检测方法。

2.2　奥斯特—Oersted

C.G.S 单位制中的磁场强度单位，目前已由 SI 单位安培/米（A/m）取代。

2.3　本底—background

磁粉检测中在试件表面与被观察显示相对应的外观表示。

2.4　表面磁场—surface field

被检试件表面的磁场。

2.5　磁饱和—magnetic saturation

无论如何提高外加磁场强度，试件内部的磁通无明显增加，此时的磁化状态称为磁饱和。

2.6　磁场—magnetic field

在磁化的试件或通电导体内部和周围有磁力线存在的空间。

2.7　磁场分布—magnetic field distribution

在磁场中场强的分布。

2.8　磁场强度—magnetic field strength

磁场在给定点的强度，用符号 H 表示。在国际单位制（SI）中，磁场强度的单位为 A/m（安/米）。

2.9　磁畴—magnetic domain

铁磁材料中原子磁矩或分子磁矩、平行排列的区域。

2.10　磁导率—magnetic permeability

磁感应强度（B）与产生磁感应的外加磁场强度（H）之比，用符号 μ 表示。它表示材料磁化的难易程度。

2.11　磁化—magnetizing

在磁场作用下，铁磁材料中的磁畴单元转向与外加磁场方向一致的过程。

2.12　磁化力—magnetic force

磁场作用于铁磁材料上产生的磁力。

2.13　磁极—magnetic pole

磁化试件上磁场离开或进入试件的区域。

2.14　磁矩—magnetic moment

外加磁场作用在磁偶极子上的最大力矩，用符号 pm 表示。在国际单位制（SI）中，磁矩的单位是 A·m（安·米）。

2.15　磁力线—lines of force

将铁粉撒在永久磁铁覆盖物（一般用纸）上，形成的线条代表磁力线。

2.16　磁路—magnetic circuit

主要由磁性材料组成，包括气隙在内的磁通通过的回路，称为磁路。

2.17　磁通—magnetic flux

磁路中磁力线的总数。

2.18　磁感应强度—magnetic induction density

磁通密度—magnetic flux density

磁化物质中与磁力线方向垂直（法向）的单位面积上的磁力线数目，用符号 B 表示。在国际单位制（SI）中，磁感应强度的单位为 T（特斯拉）。

2.19　磁滞—magnetic hysteresis

磁性材料（如铁）中，磁感应强度值的变化滞后于磁化力的现象。

2.20　磁阻—reluctance

表示试件磁化难易的值。

2.21　电弧—arc

电流通过间隙时产生的高温放电发光。

2.22　峰值电流—peak current

激励时所得到的直流电流或周期电流的最大瞬时值。

2.23　高斯—Gauss

C.G.S 单位制中的磁感应强度单位，其值等于每平方厘米通过一根磁力线。

2.24　合成磁场—resultant magnetic field

矢量磁场—vector magnetic field

在磁性材料上同时导入两个不同方向的磁场所形成的磁场。

2.25　黑光—black light

紫外光 ultraviolet radiation

波长为 320nm～400nm，中心波长为 365nm 的电磁辐射。

2.26　环境光—ambient light

荧光磁粉检验使用黑光时，在被检试件附近的可见光线。

2.27　霍尔效应—hall effect

当把通有电流的导体放置在垂直于它的磁场中时，在导体的两端便有电势差产生的现象。

2.28　集肤效应——skin effect

交流电流产生的磁化主要集中在铁磁材料近表面的现象。

2.29　矫顽力——coercive force

使铁磁材料恢复到原来未磁化状态所需要的反向磁场强度，用符号 H 表示。它代表退磁的难易程度。

2.30　居里温度——Curie temperature

居里点——Curie point

铁磁性材料由铁磁相转变为顺磁相的临界温度点。

2.31　可见光——visible light

白光——white light

波长在 $400\sim700nm$ 范围内的辐射能。

2.32　漏磁场——magnetic leakage field

在试件的缺陷处或磁路的截面变化处，磁力线离开或进入试件表面时所形成的磁场。

2.33　漏磁通——flux leakage

由于被检试件上的不连续，使磁化试件上正常磁通分布发生局部畸变而泄漏到空间的磁通量。

2.34　脉动直流电——rectified alternating current

交流电整流后，未经平滑滤波的电流。

2.35　闪点——flash point

使可燃性液体的蒸汽能够在空气中即刻点燃所需的最低温度。

2.36　剩磁——residual magnetism field

移去外加磁场后仍保留在磁性材利中的磁场。

2.37　铁磁性——ferromagnetic

用于描述材料能被磁场磁化或被磁场吸引的术语。

2.38　剩余磁感应强度——residual magnetic induction density

外加磁力消失后材料因磁滞特性而保留的部分磁感应强度，用符号 Br 表示。

2.39　旋转磁场——rotational magnetic field

大小及方向随时间成圆形、椭圆形或螺旋形变化的磁场。

2.40　荧光——fluorescence

某些物质吸收黑光辐射能的同时，激发出的可见光。

2.41　有效磁导率——effective magnetic permeability

试件磁化时，磁感应强度和不存在试件条件下的外加磁场强度之比。

注：有效磁导率不完全由材料的性质所决定，在很大程度上与试样的形状或退磁因子有关。

2.42　周向磁场—circular magnetic field

电流从导体或试件一端流向另一端时，产生的环绕导体或试件的磁场。

2.43　纵向磁场—longitudinal field

磁力线与试件纵轴平行，并通过试件的磁场。

3.　磁粉检测的设备与器材

3.1　安培表分流器—ammeter shunt

具有高电流载流能力，并联于安培表的低电阻精密电阻器。

3.2　安匝数—ampere turns

线圈匝数与通过线圈的电流安培数之积。

3.3　触头—prods

与软电缆相连，并将磁化电流导入和导出试件的手持式棒状电极。

3.4　中心导体—central conductor

芯棒—threading bar

通过空心试件用于在试件内产生周向磁化的导体。

3.5　磁场指示器—magnetic particle field indicator

一种由双金属（例如碳钢和铜）八角形片组合，含有人工缺陷用于验证磁场强度大小和方向是否适当的装置。

3.6　磁强计—magnetic field indicator

用于定位与确定从试件发出漏磁场相对强度的袖珍仪。

3.7　磁轭—yoke

电磁铁—electromagnet

在两磁极间与零件接触的区域感生磁场的轭状电磁铁。

3.8　磁粉—magnetic particle

磁粉检测中，使用的具有一定形状和尺寸的铁磁性粉末。

3.9　磁粉喷枪—powder blower

利用干燥的压缩空气使磁粉分布于被检试件表面上的装置。

3.10　磁化电流—magnetizing current

用于在被检零件内感生磁场的交流或脉动直流。

3.11　磁化线圈—magnetizing coil

产生磁化场的线圈组件。

3.12　磁悬液—suspension

细微的固体磁粉或磁膏悬浮在载液中所组成的两相混合液。

3.13　磁悬液浓度—particle concentration

磁悬液中磁粉容积与载液容积的比值，磁悬液中磁粉重量与载液容积的比值称为测试浓度。

3.14　电极—electrode

用以将电流引入或引出试件的导体。

3.15　调节剂—conditioning

为达到某种具体性能，如：适当的润湿性，分散性、防腐性、生物防护性、消泡性，加到水基磁悬液中的一种添加剂。

3.16　断电相位控制器—phase controlled circuit breaker

用交流电进行剩磁法探伤时，控制交流电断电时相位的装置。

3.17　对比度—contrast

试件与磁粉显示之间颜色的反衬或色差。

3.18　反差剂—contrast aid

为了获得合适的本底、提高对比度而在表面施加涂层或薄膜。

3.19　干粉—dry powder

磁粉检测中，供直接使用或配制磁悬液的铁磁性粉末。

3.20　铁磁材料—ferromagnetic material

磁导率大大地超过1，且随磁通密度而改变的材料。铁和钢是最普通的铁磁性材料。

3.21　磁场计—Tesla meter

测量磁通密度或磁感应强度（大小与磁场强度或磁化力有关）的仪器，也称高斯计或特斯拉计。

3.22　环形试块—test ring

具有已知人工近表面不连续性（如钻孔），用于评价与对比磁粉检验工艺综合性能与灵敏度的环形试样。

3.23　检验介质—examination medium

用以确定经过磁化的试件表面或近表面有无不连续性的磁粉或磁悬液。

3.24　接触衬垫—contact pad

为使电极与试件接触良好以防止损伤，如电击烧伤，而使用一种可更换的金属垫，一般都是用铅板或铜丝编织而成。

3.25　接触夹头—contact heads

用于夹持与支撑试件，使电流通过试件进行周向磁化的电极装置。

3.26　离心管—centrifuge tube

用来测定探伤用磁悬液中磁粉同体含量的沉淀瓶。

3.27　螺线管—solenoid

由导线制成的螺旋形线圈。

3.28　浓缩物—concentrates

即浓缩的磁悬液，探伤时将其适当稀释。

3.29　钳式安培计—clip-on ammeter

测量环形导体电路中电流强度的仪器。

3.30　试块—test piece

具有已知人为或自然缺陷，用于检查磁粉检测工艺有效性的试件。

3.31　试片—slotted shims

具有已知人工或自然缺陷的片状试样，用以校验磁粉检测技术的有效性。

3.32　退磁装置—demagnetizer

退去试件中剩磁的装置。

3.33　磁极块—pole piece

为了增加有效长度以利于磁化而在试件的端头附加的铁磁性试样。

3.34　荧光磁粉—fluorescent magnetic powder

在黑光照射下，能发出荧光的磁粉。

3.35　永久磁铁—permanent magnet

长期保留高度磁化而不变的磁铁。

3.36　载液—vehicle

用以悬浮磁粉的一种液体介质。

4. 磁粉检测的检测方法

4.1　暗场适应—dark adaptation

一个人从明亮的环境进入暗区时的眼睛调节与适应。

4.2　穿电缆法—threading cable method

利用柔性载流电缆完成穿棒法磁化。

4.3　磁轭磁化法—yoke magnetization method

磁轭法—yoke method

借助磁轭将纵向磁场导入试件或试件某一区域的磁化方法。

4.4　通电磁化法—contact magnetization method

通电法—current flow method

利用接触夹头或触头，使磁化电流直接流过试件并在试件中产生一定磁场的磁化方法。

4.5　平行电缆法—parallel cable method

电缆接近法—adjacent cable method

将绝缘的载流电缆放在试件表面，对电缆所在附近区域进行磁化的方法。

4.6　感应电流法—current induction method

使交变磁场与试件耦合，在环形试件上感生封闭电流的磁化方法。

4.7　间接磁化法—inducing filed magnetization method

电流不通过试件，而通过导体使试件磁化的方法。

4.8　局部磁化法—local magnetization

使试件的表面某一特定部位达到磁化的方法。

4.9　绕电缆法—cable wrap method

将载流电缆绕于试件周围，而对电缆所在试件附近区域实施磁化的方法。

4.10　线圈法—coil method

利用通电线圈环绕试件的部分或全部的磁化方法。

4.11　旋转磁场法—rotational magnetic field method

利用旋转磁场进行磁化的方法。

4.12　中心导体法—central conductor method

穿棒法—threading bar technique

用一根通电的棒、管或电缆从试件的内孔或开口中心穿过进行磁化的方法。

4.13　周向磁化法—circular magnetization

电流直接通过试件或中心导体在试件中产生封闭磁场的磁化方法。

4.14　纵向磁化法—longitudinal magnetization

磁化磁场方向与被检试件纵轴平行的磁化方法。

4.15　复合磁化法—multidirectional magnetization

在同一时间内，在被检试件不同方向上施加磁场对试件进行磁化的方法。

4.16　磁粉检测—橡胶铸型法——MT—RC method

在磁粉检测形成磁痕后，加入硫化硅橡胶液并固化，在铸模上记录磁痕的一种磁粉检测方法。

4.17　干粉法—dry method

磁粉以干粉形式使用的磁粉检测方法。

4.18　湿法—wet method

采用磁悬液检验的方法。

4.19　剩磁法—residual magnetic method

将试件磁化，待切断电流或移去外加磁场后，在被检试件表面施加检验介质并对显示进行评判的方法。

4.20　连续法—continuous method

在外加磁场的同时，将检验介质施加到试件上进行磁粉检测的方法。

4.21　荧光磁粉检验—fluorescent magnetic particle inspection

黑光下检验时施加于试件表面的磁性荧光检测介质的磁粉检测工艺。

4.22　荧光磁悬液—fluorescent suspension

一种含有荧光磁粉的液体，当磁化试件在紫外线辐射下观察时使不连续处成为可见。

4.23　磁痕—magnetic particle indication

磁粉检测时，被检试件表面缺陷或其他因素引起的磁粉积聚。

4.24　相关显小—relevant indication

被检试件表面或近表面上存在不连续造成的漏磁通而引起的显示。

4.25　毛状痕迹—furring

试件过分的磁化引起的毛状磁粉堆积。

4.26　模糊显示—diffuse indications

因显示不清晰而不能明确确定的显示，例如：近表面显示。

4.27　磁写—magnetic writing

磁化试件与另一磁性试件表面接触产生的一种非相关磁痕显示。

4.28　非相关显示—non—relevant indication

在被检试件表面上出现的不是由于不连续引起的显示。

4.29　假显示—false indication

在被检试件表面上出现的不是由于漏磁通而引起的磁痕显示。

4.30　内部短路试验—internal short teat

检测设备在保持夹头断开的情况下，接通磁化电流，用以验证设备内部短路情况的一种试验方法。

4.31　安培表读数校验—ammeter reading calibration

在检测设备输出电路中串联一个经校验过的分流器（或互感器）与安培表组合，用以验证设备实际输出与设备上的安培表显示的偏差的一种校验方法。

4.32　快速断电—quick break

磁化电流的突然中断。

4.33　水断试验—water break test

测试水基磁悬液润湿性的一种试验方法。

4.34　提升力—lifting force

磁铁的磁吸引力能提升某一重量铁素体钢块的能力。

4.35　综合性能试验—overall performance test

系统性能试验—system performance test

用以评价磁粉和磁悬液有效性以及检验设备性能的一种试验方法。

4.36　凝聚—coagulation

磁粉在磁悬液中的结块。

4.37　瞬时磁化法—flash magnetization method

用持续时间非常短的电流进行磁化的方法。

4.38　填充系数—fill factor

磁粉检测中，线圈的横截面面积与被检试件横截面面积之比。

4.39 退磁—demagnetization

将试件中剩磁减小到规定值以下的过程。

4.40 退磁因子—demagnetization factor

退磁因子是试件长度与直径之比的函数。

4.41 灵敏度—sensitivity

显示铁磁材料和零件表面或近表面最小不连续的能力。

◈◈◈ 附录 C 常用钢材磁特性

钢种牌号	试样状态	剩余磁通密度 B_r/T	矫顽力 H_c/(A/m)	工件表面磁通密度至少为1T时的切向场强参考值 H/(kA/m)
10	冷拉状态	0.46	360	2.0
15	860℃水淬,250℃回火,910℃渗碳	1.02	224	2.0
25	冷拉状态	0.63	856	2.4
40	860℃水淬,460℃回火	1.45	720	2.0
40	860℃油淬,360℃回火	1.11	900	2.0
45	材料供应状态	0.89	360	2.0
45	860℃油淬,560℃回火	1.58	1120	2.0
45	850℃水淬,390℃回火	1.562	1224	2.0
45	860℃水淬,180℃回火	0.06	2080	3.2
ZG45	正火	0.83	744	2.0
ZG45	860℃油淬,650℃回火	1.55	1128	2.0
ZG45	860℃油淬,560℃回火	1.58	1336	2.0
ZG45	860℃油淬,400℃回火	1.54	1256	2.0
ZG45	860℃油淬,300℃回火	1.25	1496	2.0
50	材料供应状态	1.10	496	2.0
50	材料供应状态	1.01	992	2.4
ZG50	860℃油淬,500℃回火	1.39	1216	2.0
50BA	840℃油淬,650℃回火	1.34	984	2.0
20Cr	800℃油淬,200℃回火,930℃渗碳	1.0	1240	3.2
40Cr	正火	0.84	1256	3.2
40Cr	860℃油淬,350℃回火	1.14	1520	2.0
2Cr13	正火	0.7	1200	7.0
2Cr13	1050℃油淬,550℃回火	0.74	3400	7.4
45Cr	材料供应状态	0.985	456	2.0

（续）

钢种牌号	试样状态	剩余磁通密度 B_r/T	矫顽力 H_c/（A/m）	工件表面磁通密度至少为1T时的切向场强参考值 H/（kA/m）
45Cr	840℃油淬,580℃回火	1.233	664	2.0
38CrSi	910℃油淬,650℃回火	1.5	736	2.0
38CrSi	890℃油淬,580℃回火	1.548	992	2.0
25CrMnSi	材料供应状态	1.13	696	2.0
25CrMnSi	880℃正火,860℃油淬,460℃回火	1.14	976	2.0
30CrMnSiA	正火	1.23	280	2.0
30CrMnSiA	880℃油淬,520℃回火	1.5	960	2.0
30CrMnSiA	920℃油淬,460℃回火	1.249	1560	2.0
30CrMnSiA	880℃油淬,300℃回火	1.1	2280	3.2
30CrMnSiA	880℃油淬,220℃回火	0.98	2712	4.0
30CrMnSiNi2A	材料供应状态	1.44	984	2.0
30CrMnSiNi2A	880℃油淬,290℃回火	0.762	3040	5.4
20CrMo	材料供应状态	1.1	448	2.0
20CrMo	820℃油淬,200℃回火	1.01	1600	3.0
PCrMo	860℃油淬,550℃回火	1.43	1144	2.0
ZG22CrMnTiA	正火	1.2	448	2.0
ZG22CrMnTiA	880℃油淬,220℃回火	0.9	640	3.0
ZG22CrMnTiA	880℃油淬,180℃回火	1.01	2080	3.0
30CrMnMoTiA	材料供应状态	0.9	1392	2.8
30CrMnMoTiA	875℃油淬,440℃回火	1.27	1528	2.0
30CrMnMoTiA	880℃油淬,350℃回火	1.15	1576	2.4
30CrMnMoTiA	880℃油淬,260℃回火	1.11	1736	2.6
30CrMnMoTiA	880℃油淬,200℃回火	1.02	2416	3.8
35CrMo	860℃油淬,260℃回火	1.11	1376	2.4
60Cr2MoA	850℃油淬,440℃回火	1.13	1520	2.0
PCrMoV	880℃正火,860℃油淬,600℃回火	1.565	1304	2.0
12CrNi3A	材料供应状态	1.23	368	2.0
12CrNi3A	930℃渗碳,800℃油淬,160℃回火	0.96	1744	3.2
38CrMoAlA	材料供应状态	0.85	640	2.0
38CrMoAlA	940℃油淬,650℃回火	1.43	920	2.0
20Cr2Ni4A	材料供应状态	1.25	744	2.0
20Cr2Ni4A	850℃油淬,190℃回火	0.95	1664	3.2
30CrNi3A	正火	1.02	1304	2.4
30CrNi3A	820℃油淬,680℃回火	1.37	1048	2.0
30CrNi3A	830℃油淬,550℃回火	1.628	1160	2.0

（续）

钢种牌号	试样状态	剩余磁通密度 B_r/T	矫顽力 H_c/（A/m）	工件表面磁通密度至少为1T时的切向场强参考值 H/（kA/m）
30CrNi3A	830℃油淬,470℃回火	1.365	1168	2.0
30CrNi3A	830℃油淬,410℃回火	1.175	1304	2.0
30CrNi3A	830℃油淬,230℃回火	1.02	2176	3.8
40CrNi	860℃油淬,230℃回火	1.15	1520	2.0
45CrNi	材料供应状态	1.55	1136	2.0
40CrNiMoA	860℃油淬,500℃回火	1.4	1120	2.0
40CrNiMoA	850℃油淬,410℃回火	1.334	1960	2.0
40CrNiMoA	860℃油淬,200℃回火	1.0	2480	4.5
60CrNiMoA	860℃油淬,440℃回火	1.11	1640	2.4
45CrNiMoVA	材料供应状态	1.535	824	2.0
45CrNiMoVA	860℃油淬,440℃回火	1.3	1456	2.0
30CrNi2MoVA	材料供应状态	1.345	944	2.0
30CrNi2MoVA	860℃油淬,640℃回火	1.315	1160	2.0
30CrNi2MoVA	860℃油淬,270℃回火	0.97	1848	4.0
30CrNi2MoVA	860℃油淬,220℃回火	0.97	1872	3.6
Cr3NiMo	900℃正火,680℃回火	0.84	880	3.0
18CrNiMnMo	830℃油淬,200℃回火	0.955	1880	3.6
18CrNiWA	正火,640℃回火	1.06	1200	2.0
18CrNiWA	850℃油淬,550℃回火	0.96	1568	3.2
18CrNiWA	850℃油淬,220℃回火	0.815	1800	5.0
18CrNiWA	830℃空冷,170℃回火	0.77	1920	5.6
25CrNiWA	860℃正火,640℃回火	1.28	1080	2.0
25CrNiWA	870℃油淬,500℃回火	1.155	1440	2.4
25CrNiWA	870℃油淬,450℃回火	1.059	1520	2.4
25CrNiWA	850℃油淬,300℃回火	0.92	1728	3.6
25CrNiWA	860℃油淬,260℃回火	0.997	1872	3.6
25CrNiWA	850℃油淬,200℃回火	0.84	2344	5.0
GCr15	材料供应状态	1.27	896	2.0
GCr15	840℃油淬,360℃回火	1.26	1472	8.0
GCr15	840℃油淬,190℃回火	0.7335	3120	8.0
GCr15	830℃油淬,110℃回火	1.26	1472	8.0
GCr9	材料供应状态	1.23	1040	2.0
GCr9	840℃油淬,390℃回火	0.872	3400	2.0

参 考 文 献

[1]   李家伟，陈积懋. 无损检测手册［M］. 北京：机械工业出版社，2002.

[2]   夏纪真. 无损检测导论［M］. 广州：中山大学出版社，2010.

[3]   王仲生. 无损检测诊断现场实用技术［M］. 北京：机械工业出版社，2002.

[4]   中国机械工程学会无损检测分会. 无损检测［M］. 北京：机械工业出版社，2010.

[5]   李喜孟. 无损检测［M］. 北京：机械工业出版社，2001.

[6]   张俊哲，等. 无损检测技术及其应用［M］. 北京：科学出版社，1993.

[7]   孙金立. 无损检测及在航空维修中的应用［M］. 北京：国防工业出版社，2004.

[8]   《航空制造工程手册》总编委会. 航空制造工程手册：工艺检测分册［M］. 北京：航空工业出版社，1993.

[9]   任吉林，等. 电磁检测［M］. 北京：机械工业出版社，2000.

[10]   任吉林. 电磁无损检测［M］. 北京：航空工业出版社，1989.

[11]   兵器工业无损检测人员技术资格鉴定委员会. 磁粉探伤［M］. 北京：兵器工业出版社，1999.

[12]   陶旺斌，周在杞. 电磁检测［M］. 北京：航空工业出版社，1995.

[13]   美国无损检测学会. 美国无损检测手册. 磁粉卷［M］. 北京：世界图书出版公司，1996.

[14]   刘贵民. 无损检测技术［M］. 北京：国防工业出版社，2006.

[15]   叶代平. 磁粉检测［M］. 北京：机械工业出版社，2004.

[16]   宋志哲. 磁粉检测［M］. 北京：中国劳动社会保障出版社，2007.

[17]   全国锅炉压力容器无损检测人员资格鉴定考核委员会. 磁粉探伤［M］. 北京：中国劳动出版社，1989.

国家职业资格培训教材

丛书介绍：深受读者喜爱的经典培训教材，依据最新国家职业技能标准，按初级、中级、高级、技师（含高级技师）分册编写，以技能培训为主线，理论与技能有机结合，书末有配套的试题库和答案。所有教材均免费提供 PPT 电子教案，部分教材配有 VCD 实景操作光盘（注：标注★的图书配有 VCD 实景操作光盘）。

读者对象：本套教材是各级职业技能鉴定培训机构、企业培训部门、再就业和农民工培训机构的理想教材，也可作为技工学校、职业高中、各种短训班的专业课教材。

- ◆ 机械识图
- ◆ 机械制图
- ◆ 金属材料及热处理知识
- ◆ 公差配合与测量
- ◆ 机械基础（初级、中级、高级）（第 2 版）
- ◆ 液气压传动（第 2 版）
- ◆ 数控技术与 AutoCAD 应用（第 2 版）
- ◆ 机床夹具设计与制造（第 2 版）
- ◆ 测量与机械零件测绘（第 2 版）
- ◆ 管理与论文写作
- ◆ 钳工常识
- ◆ 电工常识
- ◆ 电工识图
- ◆ 电工基础
- ◆ 电子技术基础
- ◆ 建筑识图
- ◆ 建筑装饰材料
- ◆ 车工（初级★、中级、高级、技师和高级技师）（第 2 版）
- ◆ 铣工（初级★、中级、高级、技师和高级技师）（第 2 版）
- ◆ 磨工（初级、中级、高级、技师和高级技师）（第 2 版）
- ◆ 钳工（初级★、中级、高级、技师和高级技师）（第 2 版）
- ◆ 机修钳工（初级、中级、高级、技师和高级技师）（第 2 版）
- ◆ 锻造工（初级、中级、高级、技师和高级技师）
- ◆ 模具工（中级、高级、技师和高级技师）
- ◆ 数控车工（中级★、高级★、技师和高级技师）
- ◆ 数控铣工/加工中心操作工（中级★、高级★、技师和高级技师）
- ◆ 铸造工（初级、中级、高级、技师和高级技师）
- ◆ 冷作钣金工（初级、中级、高级、技师和高级技师）
- ◆ 焊工（初级★、中级★、高级★、技师和高级技师★）（第 2 版）
- ◆ 热处理工（初级、中级、高级、技师和高级技师）
- ◆ 涂装工（初级、中级、高级、技师和高级技师）

- ◆ 电镀工（初级、中级、高级、技师和高级技师）
- ◆ 锅炉操作工（初级、中级、高级、技师和高级技师）
- ◆ 数控机床维修工（中级、高级和技师）
- ◆ 汽车驾驶员（初级、中级、高级、技师）
- ◆ 汽车修理工（初级★、中级、高级、技师和高级技师）
- ◆ 摩托车维修工（初级、中级、高级）
- ◆ 制冷设备维修工（初级、中级、高级、技师和高级技师）
- ◆ 电气设备安装工（初级、中级、高级、技师和高级技师）
- ◆ 值班电工（初级、中级、高级、技师和高级技师）
- ◆ 维修电工（初级★、中级★、高级、技师和高级技师）
- ◆ 家用电器产品维修工（初级、中级、高级）
- ◆ 家用电子产品维修工（初级、中级、高级、技师和高级技师）
- ◆ 可编程序控制系统设计师（一级、二级、三级、四级）
- ◆ 无损检测员（基础知识、超声波探伤、射线探伤、磁粉探伤）
- ◆ 化学检验工（初级、中级、高级、技师和高级技师）
- ◆ 食品检验工（初级、中级、高级、技师和高级技师）
- ◆ 制图员（土建）
- ◆ 起重工（初级、中级、高级、技师）
- ◆ 测量放线工（初级、中级、高级、技师和高级技师）
- ◆ 架子工（初级、中级、高级）
- ◆ 混凝土工（初级、中级、高级）
- ◆ 钢筋工（初级、中级、高级、技师）
- ◆ 管工（初级、中级、高级、技师和高级技师）
- ◆ 木工（初级、中级、高级、技师）
- ◆ 砌筑工（初级、中级、高级、技师）
- ◆ 中央空调系统操作员（初级、中级、高级、技师）
- ◆ 物业管理员（物业管理基础、物业管理员、助理物业管理师、物业管理师）
- ◆ 物流师（助理物流师、物流师、高级物流师）
- ◆ 室内装饰设计员（室内装饰设计员、室内装饰设计师、高级室内装饰设计师）
- ◆ 电切削工（初级、中级、高级、技师和高级技师）
- ◆ 汽车装配工
- ◆ 电梯安装工
- ◆ 电梯维修工

变压器行业特有工种国家职业资格培训教程

丛书介绍：由相关国家职业标准的制定者——机械工业职业技能鉴定指导中心组织编写，是配套用于国家职业技能鉴定的指定教材，覆盖变压器行业 5 个特有工种，共 10 种。

读者对象：可作为相关企业培训部门、各级职业技能鉴定培训机构的鉴定培训教材，也可作为变压器行业从业人员学习、考证用书，还可作为技工学校、职业高中、各种短训班的教材。

- ◆ 变压器基础知识
- ◆ 绕组制造工（基础知识）
- ◆ 绕组制造工（初级、中级、高级技能）
- ◆ 绕组制造工（技师、高级技师技能）
- ◆ 干式变压器装配工（初级、中级、高级技能）
- ◆ 变压器装配工（初级、中级、高级、技师、高级技师技能）
- ◆ 变压器试验工（初级、中级、高级、技师、高级技师技能）
- ◆ 互感器装配工（初级、中级、高级、技师、高级技师技能）
- ◆ 绝缘制品件装配工（初级、中级、高级、技师、高级技师技能）
- ◆ 铁心叠装工（初级、中级、高级、技师、高级技师技能）

国家职业资格培训教材——理论鉴定培训系列

丛书介绍：以国家职业技能标准为依据，按机电行业主要职业（工种）的中级、高级理论鉴定考核要求编写，着眼于理论知识的培训。

读者对象：可作为各级职业技能鉴定培训机构、企业培训部门的培训教材，也可作为职业技术院校、技工院校、各种短训班的专业课教材，还可作为个人的学习用书。

- ◆ 车工（中级）鉴定培训教材
- ◆ 车工（高级）鉴定培训教材
- ◆ 铣工（中级）鉴定培训教材
- ◆ 铣工（高级）鉴定培训教材
- ◆ 磨工（中级）鉴定培训教材
- ◆ 磨工（高级）鉴定培训教材
- ◆ 钳工（中级）鉴定培训教材
- ◆ 钳工（高级）鉴定培训教材
- ◆ 机修钳工（中级）鉴定培训教材
- ◆ 机修钳工（高级）鉴定培训教材
- ◆ 焊工（中级）鉴定培训教材
- ◆ 焊工（高级）鉴定培训教材
- ◆ 热处理工（中级）鉴定培训教材
- ◆ 热处理工（高级）鉴定培训教材
- ◆ 铸造工（中级）鉴定培训教材
- ◆ 铸造工（高级）鉴定培训教材
- ◆ 电镀工（中级）鉴定培训教材
- ◆ 电镀工（高级）鉴定培训教材
- ◆ 维修电工（中级）鉴定培训教材
- ◆ 维修电工（高级）鉴定培训教材
- ◆ 汽车修理工（中级）鉴定培训教材
- ◆ 汽车修理工（高级）鉴定培训教材
- ◆ 涂装工（中级）鉴定培训教材
- ◆ 涂装工（高级）鉴定培训教材
- ◆ 制造设备维修工（中级）鉴定培训教材

◆ 制造设备维修工（高级）鉴定培训　　教材

国家职业资格培训教材——操作技能鉴定
试题集锦与考点详解系列

丛书介绍：用于国家职业技能鉴定操作技能考试前的强化训练。特色：

● 重点突出，具有针对性——依据技能考核鉴定点设计，目的明确。

● 内容全面，具有典型性——图样、评分表、准备清单，完整齐全。

● 解析详细，具有实用性——工艺分析、操作步骤和重点解析详细。

● 练考结合，具有实战性——单项训练题、综合训练题，步步提升。

读者对象：可作为各级职业技能鉴定培训机构、企业培训部门的考前培训教材，也可供职业技能鉴定部门在鉴定命题时参考，也可作为读者考前复习和自测使用的复习用书，还可作为职业技术院校、技工院校、各种短训班的专业课教材。

◆ 车工（中级）操作技能鉴定实战详解

◆ 车工（高级）操作技能鉴定实战详解

◆ 车工（技师、高级技师）操作技能鉴定实战详解

◆ 铣工（中级）操作技能鉴定实战详解

◆ 铣工（高级）操作技能鉴定实战详解

◆ 钳工（中级）操作技能鉴定实战详解

◆ 钳工（高级）操作技能鉴定实战详解

◆ 钳工（技师、高级技师）操作技能鉴定实战详解

◆ 数控车工（中级）操作技能鉴定实战详解

◆ 数控车工（高级）操作技能鉴定试题集锦与考点详解系列

◆ 数控车工（技师、高级技师）操作技能鉴定试题集锦与考点详解系列

◆ 数控铣工/加工中心操作工（中级）操作技能鉴定实战详解

◆ 数控铣工/加工中心操作工（高级）操作技能鉴定试题集锦与考点详解系列

◆ 数控铣工/加工中心操作工（技师、高级技师）操作技能鉴定试题集锦与考点详解系列

◆ 焊工（中级）操作技能鉴定实战详解

◆ 焊工（高级）操作技能鉴定实战详解

◆ 焊工（技师、高级技师）操作技能鉴定实战详解

◆ 维修电工（中级）操作技能鉴定实战详解

◆ 维修电工（高级）操作技能鉴定实战详解

◆ 维修电工（技师、高级技师）操作　　实战详解
　　技能鉴定实战详解　　　　　　　　◆ 汽车修理工（高级）操作技能鉴定
◆ 汽车修理工（中级）操作技能鉴定　　　实战详解

技能鉴定考核试题库

丛书介绍：根据各职业（工种）鉴定考核要求分级编写，试题针对性、通用性、实用性强。

读者对象：可作为企业培训部门、各级职业技能鉴定机构、再就业培训机构培训考核用书，也可供技工学校、职业高中、各种短训班培训考核使用，还可作为个人读者学习自测用书。

◆ 机械识图与制图鉴定考核试题库　　◆ 钳工职业技能鉴定考核试题库（第
　　（第2版）　　　　　　　　　　　　　2版）
◆ 机械基础技能鉴定考核试题库（第　◆ 机修钳工职业技能鉴定考核试题库
　　2版）　　　　　　　　　　　　　　（第2版）
◆ 电工基础技能鉴定考核试题库　　　◆ 汽车修理工职业技能鉴定考核试
◆ 车工职业技能鉴定考核试题库（第　　　题库
　　2版）　　　　　　　　　　　　　◆ 制冷设备维修工职业技能鉴定考核
◆ 铣工职业技能鉴定考核试题库（第　　　试题库
　　2版）　　　　　　　　　　　　　◆ 维修电工职业技能鉴定考核试题库
◆ 磨工职业技能鉴定考核试题库　　　◆ 铸造工职业技能鉴定考核试题库
◆ 数控车工职业技能鉴定考核试题库　◆ 焊工职业技能鉴定考核试题库
◆ 数控铣工/加工中心操作工职业技　◆ 冷作钣金工职业技能鉴定考核试题库
　　能鉴定考核试题库　　　　　　　　◆ 热处理工职业技能鉴定考核试题库
◆ 模具工职业技能鉴定考核试题库　　◆ 涂装工职业技能鉴定考核试题库

机电类技师培训教材

丛书介绍：以国家职业标准中对各工种技师的要求为依据，以便于培训为前提，紧扣职业技能鉴定培训要求编写。加强了高难度生产加工，复杂设备的安装、调试和维修，技术质量难题的分析和解决，复杂工艺的编制，故障诊断与排除以及论文写作和答辩的内容。书中均配有培训目标、复习思考题、培训内容、试题库、答案、技能鉴定模拟试卷样例。

读者对象：可作为职业技能鉴定培训机构、企业培训部门、技师学院培训鉴

定教材，也可供读者自学及考前复习和自测使用。

◆ 公共基础知识
◆ 电工与电子技术
◆ 机械制图与零件测绘
◆ 金属材料与加工工艺
◆ 机械基础与现代制造技术
◆ 技师论文写作、点评、答辩指导
◆ 车工技师鉴定培训教材
◆ 铣工技师鉴定培训教材
◆ 钳工技师鉴定培训教材
◆ 焊工技师鉴定培训教材
◆ 电工技师鉴定培训教材

◆ 铸造工技师鉴定培训教材
◆ 涂装工技师鉴定培训教材
◆ 模具工技师鉴定培训教材
◆ 机修钳工技师鉴定培训教材
◆ 热处理工技师鉴定培训教材
◆ 维修电工技师鉴定培训教材
◆ 数控车工技师鉴定培训教材
◆ 数控铣工技师鉴定培训教材
◆ 冷作钣金工技师鉴定培训教材
◆ 汽车修理工技师鉴定培训教材
◆ 制冷设备维修工技师鉴定培训教材

特种作业人员安全技术培训考核教材

丛书介绍：依据《特种作业人员安全技术培训大纲及考核标准》编写，内容包含法律法规、安全培训、案例分析、考核复习题及答案。

读者对象：可用作各级各类安全生产培训部门、企业培训部门、培训机构安全生产培训和考核的教材，也可作为各种企事业单位安全管理和相关技术人员的参考书。

◆ 起重机司索指挥作业
◆ 企业内机动车辆驾驶员
◆ 起重机司机
◆ 金属焊接与切割作业
◆ 电工作业

◆ 压力容器操作
◆ 锅炉司炉作业
◆ 电梯作业
◆ 制冷与空调作业
◆ 登高作业

读者信息反馈表

亲爱的读者：

您好！感谢您购买《无损检测员——磁粉检测》（孙金立　李以善　主编）一书。为了更好地为您服务，我们希望了解您的需求以及对我社教材的意见和建议，愿这小小的表格在我们之间架起一座沟通的桥梁。另外，如果您在培训中选用了本教材，我们将免费为您提供与本教材配套的电子课件。

姓　名		所在单位名称	
性　别		所从事工作(或专业)	
通信地址			邮　编	
办公电话		移动电话	
E-mail		QQ	

1. 您选择图书时主要考虑的因素(在相应项后面画✓)：

　出版社(　　) 内容(　　) 价格(　　) 其他：_____

2. 您选择我们图书的途径(在相应项后面画✓)：

　书目(　　) 书店(　　) 网站(　　) 朋友推介(　　) 其他_____

希望我们与您经常保持联系的方式：

□ 电子邮件信息　　□ 定期邮寄书目　　□ 通过编辑联络　　□ 定期电话咨询

您关注(或需要)哪些类图书和教材：

您对本书的意见和建议（欢迎您指出本书的疏漏之处）：

您近期的著书计划：

请联系我们——

地　　址　北京市西城区百万庄大街22号　机械工业出版社技能教育分社
邮　　编　100037
社长电话　(010)88379083　88379080
传　　真　(010)68329397
营销编辑　(010)88379534　88379535

免费电子课件索取方式：
网上下载　www.cmpedu.com
邮箱索取　jnfs@cmpbook.com